第 2 章 制作客厅效果图

绘制客厅模型

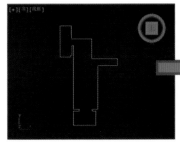
导入参考图形

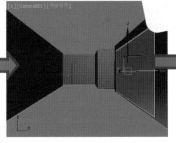
绘制框架结构

合并模型

编辑客厅材质

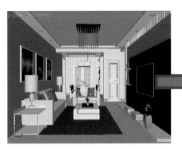
编辑墙面材质

编辑地面材质

编辑电视墙材质

添加客厅灯光

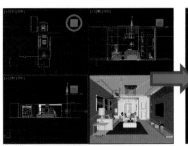
创建照明灯光

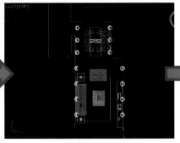
创建射灯灯光

导入灯带灯光

渲染客厅效果图

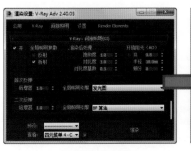
设置渲染参数

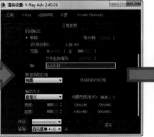
设置输出参数

渲染场景

第3章　制作餐厅效果图

绘制餐厅模型

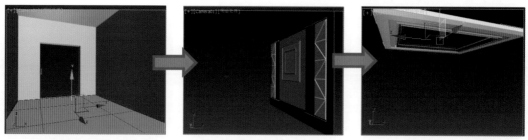

绘制餐厅基本框架　　　　　绘制墙体造型　　　　　绘制餐厅吊顶造型

编辑餐厅材质

编辑乳胶漆材质　　　　　编辑地面材质　　　　　编辑镜面材质

添加餐厅灯光

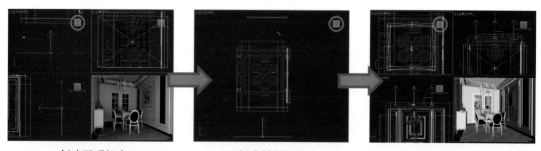

创建照明灯光　　　　　创建射灯灯光　　　　　创建灯带灯光

渲染餐厅效果图

设置 V-Ray 参数　　　　　设置间接照明　　　　　渲染场景

第4章 制作书房效果图

绘制书房模型

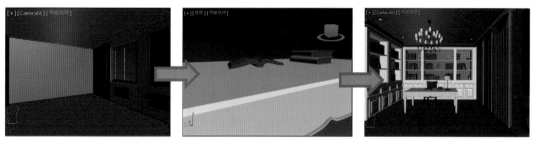

绘制书房基本框架　　　　　　　　绘制书籍模型　　　　　　　　绘制窗帘模型

编辑书房材质

编辑框架材质　　　　　　　　编辑窗帘材质　　　　　　　　编辑书籍材质

添加书房灯光

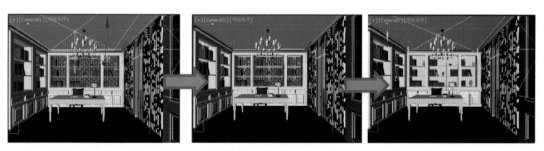

创建全局照明灯光　　　　　　　创建局部照明灯光　　　　　　　创建射灯灯光

渲染书房效果图

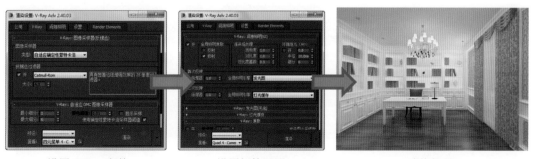

设置 V-Ray 参数　　　　　　　　设置间接照明　　　　　　　　渲染场景

第 5 章 制作卧室效果图

绘制卧室模型

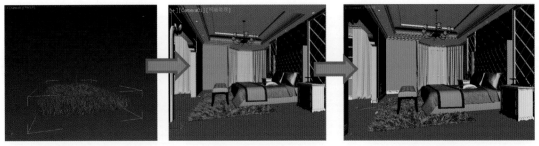

绘制卧室毛发地毯　　　　　绘制卧室艺术门　　　　　绘制造型踢脚线

编辑卧室材质

编辑框架材质　　　　　编辑床上用品材质　　　　　编辑吊灯材质

创建卧室灯光

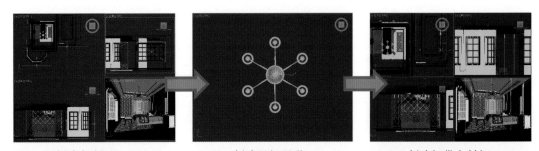

创建主光源　　　　　创建局部照明　　　　　创建灯带和射灯

渲染卧室效果图

设置 V-Ray 参数　　　　　设置间接照明　　　　　渲染场景

第6章 制作厨房效果图

绘制厨房模型

绘制厨房墙体 绘制厨房窗户 绘制水龙头和筒灯

编辑厨房材质

编辑筒灯材质 编辑框架材质 编辑外景材质

创建厨房灯光

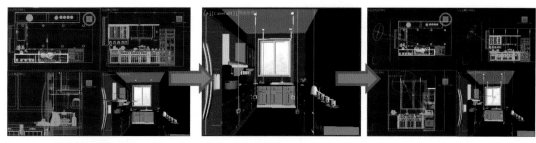

创建室内照明光 创建射灯光源 创建太阳光

渲染厨房效果图

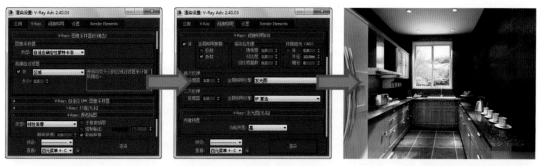

设置 V-Ray 参数 设置间接照明 渲染场景

第 7 章　制作卫生间效果图

绘制卫生间框架　　　　　编辑卫生间窗户　　　　　创建卫生间顶面和地面

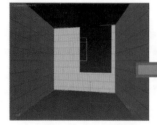

编辑墙面材质　　　　　　编辑地面材质　　　　　　编辑窗户材质

创建灯光　　　　设置环境颜色　　　　渲染设置　　　　渲染效果

第 8 章　制作别墅效果图

编辑别墅材质　　　　　　编辑别墅灯光　　　　　　渲染场景

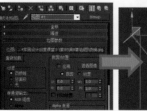
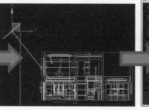

修改材质　　　　修改灯光　　　　渲染设置　　　　渲染场景

（左侧竖排文字）

绘制卫生间模型

编辑卫生间材质

创建灯光与渲染

制作别墅夜景效果

制作别墅日景效果

3ds Max 2014
家居设计

赵海涛　王华辉　编著

清华大学出版社

北京

内容简介

本书以案例讲解为主，以循序渐进的方式，将 3ds Max 2014 的常用知识点融合到案例中，带领读者快速掌握 3ds Max 2014 的操作技能。同时书中设置了"设计思路与流程"、"制作关键点"、"专业提示"等栏目，让读者在学习案例的同时，还能掌握相应的行业应用知识与家居设计思路。每章后面"设计深度分析"一节，更是从专业设计角度对行业应用进行解析，带领读者掌握实际工作技能。

全书分为 8 章，分别从家居设计领域选取典型案例进行讲解，如制作客厅效果图、制作餐厅效果图、制作书房效果图、制作卧室效果图、制作厨房效果图、制作卫生间效果图、制作别墅效果图。读者通过这些案例的学习，能掌握 3ds Max 2014 的绝大部分功能，并且能够了解一般的家居设计工作的注意事项。同时本书还配备了多媒体视频教学光盘，并且提供了书中案例的源文件及相关素材和效果文件，读者可以借助光盘内容更好、更快地学习 3ds Max 2014。

本书面向 3ds Max 的初、中级用户，包括三维设计人员，从事动画、游戏、建筑、造型设计等领域的读者以及从事影视、辅助教学、工程可视化等相关领域的读者，也可作为大专院校相关专业及 3ds Max 培训班教材。

图书在版编目（CIP）数据

3ds Max 2014 家居设计 / 赵海涛，王华辉编著. ——北京：清华大学出版社，2015（2022.1 重印）
（创意课堂）
ISBN 978-7-302-38731-2

Ⅰ. ①3… Ⅱ. ①赵… ②王… Ⅲ. ①室内装饰设计–计算机辅助设计–三维动画软件
Ⅳ. ①TU238–39

中国版本图书馆 CIP 数据核字（2014）第 284259 号

责任编辑：张　玥　薛　阳
封面设计：常雪影
责任校对：徐俊伟
责任印制：丛怀宇

出版发行：清华大学出版社
　　　　网　　　　址：http://www.tup.com.cn, http://www.wqbook.com
　　　　地　　　　址：北京清华大学学研大厦 A 座　　　　邮　　编：100084
　　　　社　总　机：010-62770175　　　　　　　　　　邮　　购：010-83470235
　　　　投稿与读者服务：010-62776969，c-service@tup.tsinghua.edu.cn
　　　　质　量　反　馈：010-62772015，zhiliang@tup.tsinghua.edu.cn
印　装　者：三河市龙大印装有限公司
经　　销：全国新华书店
开　　本：185mm×260mm　　印　张：14　　插　页：3　　字　　数：336 千字
　　　　（附光盘 1 张）
版　　次：2015 年 4 月第 1 版　　　　　　　　　　印　　次：2022 年 1 月第 6 次印刷
定　　价：54.50 元

产品编号：059847-01

前　言

本书针对应用型教育发展的特点，侧重应用和实践训练。全书以案例为主线，理论与实训紧密结合，辅之以自我训练，有很强的实践性。

全书选取典型行业应用领域的经典案例，将 3ds Max 2014 的常用功能融于其中。通过对本书的学习，读者不仅可系统掌握 3ds Max 2014 的基础知识、基本操作及相关方法和技巧，还可掌握家居设计等行业应用知识及设计思路。

1. 内容导读

全书共分为 8 章，结构安排得当，重点突出，讲解细致。案例的设置严格遵循实际的行业操作规范，使读者能够学以致用。同时案例讲解遵循由浅入深的原则，有利于初、中级读者的学习与提高。

案例中所涉及的知识点包括建模、材质、灯光、粒子、动力学、毛发、动画和渲染等内容，可以使读者全方位地了解和掌握 3ds Max 2014 的知识点。通过本书的学习，读者还可以掌握家居设计的相关知识，从简单的家具模型到复杂的大型实例，介绍了客厅、餐厅、书房、卧室、厨房、卫生间等设计及模型绘制手法的详细过程。为了让读者更容易掌握制作方法，书中的每个实例都是经过作者精心设计的，所列的各个操作步骤详尽易懂，适合于初、中级读者的学习与提高，具有很强的可操作性。

2. 本书特点

- 案例式教学　将知识点融入案例中，这种实训式教学方法，避免了枯燥的知识点讲解，更有利于读者学习掌握相关知识点，同时掌握相应的行业应用知识和技巧，并且有利于读者融会贯通。

- 由浅入深，循序渐进　案例设置遵循由浅入深的原则，有利于初级读者学习与提高。并且可兼顾不同需求的读者翻阅了解自己需要的学习内容。

- 技术手册　书中的每一章都是一个小专题，不仅可以让读者充分掌握该专题的知识和技巧，而且能举一反三，掌握实现同样效果的更多方法。

- 教师讲解　本书附带多媒体教学光盘，每个案例都有详细的动态演示和声音解说，就像有一位专业的教师在读者身旁亲自授课。读者不仅可以通过本书研究每一个操作细节，还可以通过多媒体教学领悟到更多技巧。

本书在编写的过程中承蒙广大业内同仁的不吝赐教，使得本书在编写内容上更贴近实际，谨在此一并表示由衷的感谢。

作　者

2014 年 11 月

目　　录

第1章 掌握 3ds Max 必备知识

学习目标

3ds Max 是全球著名的专业建模制作软件，同时被广泛应用于建筑与室内效果图的设计和制作领域。3ds Max 功能十分强大，随着该软件的不断升级换代，其适用性、灵活性、个性化特点更加突出。

本章介绍 3ds Max 的一些基本知识和必备操作，帮助读者为后期的实例学习打下良好的基础。

效果展示

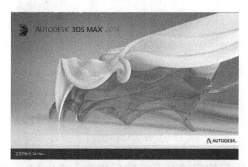
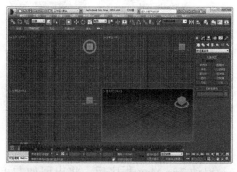
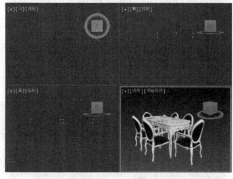
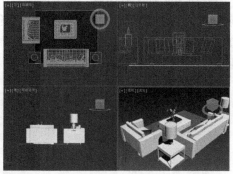

1.1 认识 3ds Max

3D Studio Max（3ds Max 或 MAX）是 Autodesk 公司开发的基于计算机系统的三维动画渲染和制作软件。在国内发展的相对比较成熟的建筑与室内效果图和动画制作中，使用 3ds Max 可以创建逼真的建筑与室内效果图。

1.1.1 启动和退出 3ds Max

在应用 3ds Max 之前，首先要安装好 3ds Max 应用程序，该程序的安装方法与大多数软件相同，在启动安装盘以后，根据安装向导进行一步一步的操作即可。安装好 3ds Max 以后，接下来需要掌握该程序的启动和退出方法。

1. 启动 3ds Max

安装好 3ds Max 以后，用户可以通过如下两种常用方法启动 3ds Max 应用程序。

● 单击"开始"菜单按钮，然后在"程序"列表中选择相应的命令启动 3ds Max 应用程序，如左下图所示。

● 使用鼠标双击桌面上的 3ds Max 的快捷图标，可以快速启动 3ds Max 应用程序，如右下图所示。

选择命令   双击快捷图标

启动 3ds Max 程序后，将出现如左下图所示的启动画面，随后将进入 3ds Max 的欢迎窗口，取消左下方的"在启动时显示此欢迎屏幕"复选框，然后单击"关闭"按钮，如右下图所示，将进入 3ds Max 的工作界面，并且在下次启动 3ds Max 时，将跳过此欢迎窗口。

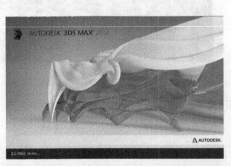

启动画面   欢迎窗口

专业提示：使用鼠标双击存放在计算机中的 3ds Max 文件，也可以启动 3ds Max 应用程序并打开双击的 3ds Max 文件。

2. 退出 3ds Max

当完成 3ds Max 的使用后，可以使用如下两种常用方法退出 3ds Max 应用程序。

● 单击"程序"图标按钮 ，然后在弹出的菜单中单击"退出 3ds Max"按钮，即可退出 3ds Max 应用程序，如左下图所示。

● 单击 3ds Max 应用程序窗口右上角的"关闭"按钮 ，退出 3ds Max 应用程序，如下右图所示。

单击"退出 3ds Max"按钮

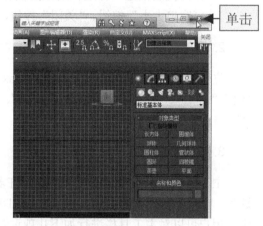
单击"关闭"按钮

1.1.2 认识 3ds Max 的操作界面

3ds Max 的操作界面由标题栏、菜单栏、主工具栏、视图区、命令面板、状态栏、动画控制区和视图控制区 8 个主要部分组成，如下图所示。

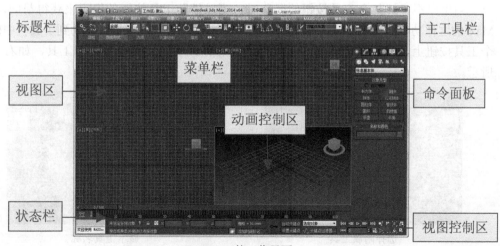
3ds Max 的工作界面

1. 标题栏

标题栏位于 3ds Max 程序窗口的顶端，3ds Max 的标题栏集合了"程序图标"按钮、快速访问工具栏、文件名称和窗口控制按钮。

- 程序图标　标题栏的最左侧是"程序图标"按钮，单击该按钮，可以展开 3ds Max 用于管理图形文件的命令，如新建、重置、打开、保存、导入和导出等。
- 快速访问工具栏　在"程序图标"按钮的右方是快速访问工具栏，用于存储经常访问的命令。
- 窗口控制按钮　标题栏的最右侧存放着三个按钮，依次为"最小化"按钮、"恢复窗口大小"按钮、"关闭"按钮，单击其中的任一按钮，将执行相应的操作。

2. 菜单栏

位于标题栏下方的是菜单栏。3ds Max 包含了 12 个菜单，分别为"编辑"、"工具"、"组"、"视图"、"创建"、"修改器"、"动画"、"图形编辑器"、"渲染"、"自定义"、MAXScript 和"帮助"菜单。

3. 主工具栏

主工具栏是工作中最常用的区域，许多常用的操作命令都以图标按钮的形式出现在这里。在默认状态下，主工具栏包含了 31 项工具按钮，它们都是较常用的工具。在工作中，用户可以对主工具栏进行如下几项设置。

（1）选择附属工具

某些工具按钮右下角有一个小三角形，表示此工具按钮中包含了其他的工具。单击并按住带有附加工具的工具按钮，可以显示该工具按钮中的附属工具，如左下图所示。将鼠标移动到要选择的工具上，然后松开鼠标即可选择所要的附加工具。

（2）显示工具名称

当用户不了解某个工具按钮的名称时，可以借助工具按钮的提示来获得帮助，3ds Max 的这种功能给用户带来了极大的方便，用户只需要将鼠标指针移动到工具栏中的某个工具按钮上，稍后便会弹出该工具按钮的名称，从而了解它是什么工具，如右下图所示。

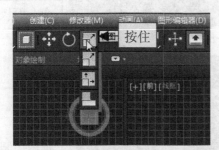
选择附属工具

显示工具名称

4. 命令面板

命令面板是操作中使用最频繁的区域。在默认状态下，它位于整个操作界面的右侧，由 6 个标签组成，从左到右依次是创建、修改、层级、运动、显示和实用程序。

（1）"创建"面板

单击"创建"面板标签可以显示该面板中的各个命令按钮和参数。创建面板中集合了各种对象的创建命令，单击其中的按钮，便可以启用该命令。根据创建对象类型的不同又将创建面板划分为 7 个类别，而每个类别又包含了许多子项。这 7 个类型分别是几何体、图形、灯光、摄影机、辅助体、空间扭曲物体和系统工具，如左下图所示。

每个命令面板都由不同的标题栏组成，在标题栏前边有一个+号或−号。这种带加号、减号的标题栏称为展卷栏，单击标题栏前面的+号，展卷栏将向下展开，显示出可供输入或设置的各项参数；单击标题栏前面的−号，展卷栏将会收缩收起。

（2）"修改"面板

单击"修改"面板标签可以显示该面板中的各个命令按钮和参数。修改面板是对创建的对象进行编辑加工的地方，包括重命名、更改对象的颜色、重新定义对象的外形参数等，如中下图所示。

（3）"层次"面板

单击"层次"面板标签可以显示该面板中的各个命令按钮和参数。层级面板包含 3 个按钮："轴"、IK 和"链接信息"，如右下图所示。单击"轴"按钮后，可以移动并调整对象轴心的位置，常在调整对象变形时使用该功能；IK 和"链接信息"按钮可以很方便地为多个对象创建相关联的复杂运动，从而创建更真实的动画效果。

"创建"面板

"修改"面板

"层次"面板

（4）"运动"面板

单击"运动"面板标签可以显示该面板中的各个命令按钮和参数。运动面板包含"参数"和"轨迹"两个按钮，其作用是为对象的运动施加控制器或约束，如左下图所示。

单击"参数"按钮可以访问动画控制器和约束界面。动画控制器可以用预置方法来影响对象的位置、旋转和缩放；约束界面则能限制一个对象如何运动，可以通过单击"指定控制器"按钮来访问动画控制器选择列表。使用"轨迹"按钮可以把样条曲线转换为对象的运动轨迹，并通过展卷栏来控制参数。

（5）"显示"面板

单击"显示"面板标签可以显示该面板中的各个命令按钮和参数。显示面板用于控制对象在工作视图中的显示。通过此面板可以隐藏或冻结对象，也可以修改对象所有的参数，如中下图所示。

（6）"实用程序"面板

单击"实用程序"面板标签可以显示该面板中的各个命令按钮和参数。实用程序面板包含各种功能强大的工具，例如"资源浏览器"、"摄像机匹配"、"测量"、"塌陷"、"运动捕捉"等，如右下图所示。要执行这些工具，只需单击对应的按钮或从附加的实用程序列表中选择即可。单击"更多"按钮可以访问附加的实用程序列表。

| "运动"面板 | "显示"面板 | "实用程序"面板 |

5. 视图区

在默认状态下，在 3ds Max 的视图区中拥有 4 个视图，分别为顶视图、前视图、左视图和透视图，各视图可以相互转换，并可以调整各个视图的大小，在视图窗口的左上角标有视图的名称。3ds Max 的操作将在被激活的视图中进行，被激活视图的边框呈黄色显示，如左下图所示。

6. 视图控制区

在 3ds Max 操作界面的右下角存放着用于控制视图区域的视图控制器，如右下图所示，从上到下依次为标准视图控制器、透视图控制器和摄影机视图控制器。

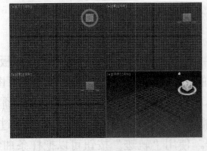 

| 视图区 | 视图控制区 |

视图控制区主要用于改变视图中物体的观察效果，但并不改变视图中物体本身的大小及结构，其中常用工具的具体含义如下。

- 缩放 　放大或缩小目前激活的视图区域。
- 缩放所有视图 　放大或缩小所有视图区域。
- 最大化显示 　将所选择的对象缩放到最大范围。
- 所有视图最大化显示 　将视图中的所有对象以最大的方式显示。
- 所有视图最大化显示选定对象 　将所有视图中的选择对象以最大的方式显示。
- 缩放区域 　拖动鼠标缩放视图中的选择区域。
- 视野 　同时缩放透视图中的指定区域。
- 平移视图 　沿着任何方向移动视图，但不能拉近或推远视图。
- 环绕 　围绕场景旋转视图。这是一个弹出式按钮。
- 选定的环绕 　用于围绕选择的对象旋转视图。
- 环绕子对象 　该按钮为黄色，用于围绕子对象旋转视图。
- 最大化视图窗口切换 　在原视图与满屏之间切换激活的视图。

7. 状态栏

在操作过程中，状态栏向用户提供了相应的提示，如对象的数量和类型、坐标和栅格大小。

8. 动画控制区

动画控制区位于操作界面的下方，用来设置控制运动的时间，包括时间控制器和时间滑块。

1.2　3ds Max 的文件管理

掌握 3ds Max 的文件管理是学习该软件的必备技能，包括文件的新建、重置、打开、保存和关闭等常用操作。

1.2.1　新建文件

当使用 3ds Max 进行一项新的工作时，需要创建一个新的 3ds Max 文件。当启动 3ds Max 以后，程序会自动创建一个新的文件供用户使用。当在工作过程中需要创建一个新的文件时，可以使用如下 3 种方法新建文件。

- 单击"程序图标"按钮 ，指向"新建"菜单选项，然后在子菜单中根据需要选择新建的命令，如左下图所示。
- 单击"快速访问"工具栏中的"新建"按钮 ，打开"新建场景"对话框，如右下图所示。
- 按 Ctrl+N 键，打开"新建场景"对话框。

选择新建方式

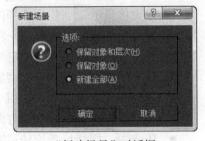

"新建场景"对话框

在"新建场景"对话框中选择所需选项后单击"确定"按钮,即可创建一个新的文件。在"新建场景"对话框中各选项的含义如下。

- 保留对象和层次 在新建文件的场景中,仍保留原有的物体及各物体之间的层次关系。
- 保留对象 在新建文件的场景中保留了原有的物体,但是各物体之间的层次关系消除了。
- 新建全部 在新建文件的场景中不保留之前的任何内容。

1.2.2 重置文件

使用"新建"方式创建的场景将保持所有目前界面的设置,包括视图和命令面板。如果要回到默认状态下的操作界面,则需要使用"重置"命令。

单击"程序图标"按钮![icon],选择"重置"菜单命令,可以新建一个文件并重新设置系统环境。在选择"重置"命令后,将打开一个询问对话框,如下图所示。单击"是"按钮,将创建一个新的文件,并恢复到默认状态下的操作环境;单击"否"按钮,将取消这次操作,返回到当前的场景中。

询问对话框

1.2.3 保存文件

当完成一个比较重要的操作步骤或工作环节后,应即时对文件进行一次保存,避免因死机或停电等意外状况而造成数据的丢失。

单击"程序图标"按钮![icon],选择"保存"菜单命令,或直接按 Ctrl+S 键,即可对文件进行保存。如果首次对场景进行保存，系统将打开"文件另存为"对话框，如下图所示，在该对话框中可以选择文件的保存路径、新建文件夹以及预览场景内容。

保存文件

专业提示：如果对场景已经进行了保存，当再次对文件进行保存时，文件将以原文件名进行保存。如果此时要以其他名称进行保存文件，则需要单击"程序图标"按钮 ，选择"另存为"命令，在开启的"文件另存为"对话框中根据需要将文件重命名，单击"保存"按钮即可。

1.2.4　打开文件

"打开"命令用于打开一个已有的场景文件。单击"程序图标"按钮 ，选择"打开"菜单命令，或按 **Ctrl+O** 键，将打开"打开文件"对话框，如左下图所示。在"打开文件"对话框中选择指定的文件后，单击"打开"按钮即可打开该文件，如右下图所示。

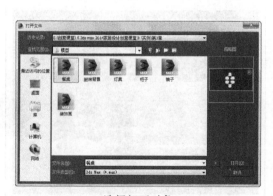

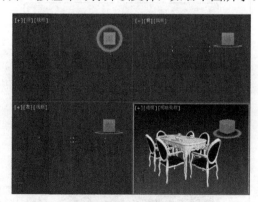

选择打开对象　　　　　　　　　　　打开图形

1.2.5　合并文件

在进行场景模型的编辑操作时，常常需要将一些常用的模型导入到现有的场景中，这样可以节省大量的工作时间。

单击"程序图标"按钮 ，选择"导入"|"合并"命令，将打开"合并文件"对话框，在该对话框中选择需要合并的文件，然后单击"打开"按钮，即可将选择的文件合并到当前的场景中。

例如，将水龙头模型合并到水池场景中的操作如下。

1 打开素材效果	2 选择要合并的素材
❶单击"程序图标"按钮 ，选择"打开"菜单命令。 ❷在打开的"打开文件"对话框中打开配套光盘中的"水池.max"文件。	❶单击"程序图标"按钮 ，选择"导入"|"合并"命令。 ❷在打开的"合并文件"对话框中选择"水龙头.max"文件并将其打开。
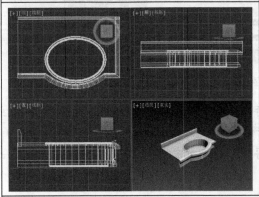	
3 选择合并对象	4 合并后的效果
❶在打开的"合并"对话框中选择要合并的水龙头模型对象。 ❷单击"确定"按钮。	单击"确定"按钮后，即可将选择的水龙头模型合并到水池场景中。
	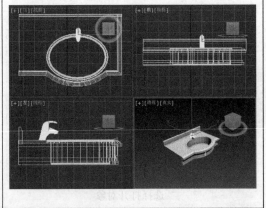

1.2.6　导入文件

在 3ds Max 中，可以导入其他的三维图形或者二维图形。单击"程序图标"按钮 ，选择"导入"|"导入"命令，打开"选择要导入的文件"对话框，在"文件类型"下拉

列表框中可以选择要导入的文件类型，在选择要导入的文件后，单击"打开"按钮，即可将文件导入到场景中。

例如，在场景中可以导入 AutoCAD 图形作为建模的参考对象，其操作方法如下。

1 选择导入的文件	2 导入图形后的效果
❶单击"程序图标"按钮🖱，选择"导入"|"导入"命令。 ❷在打开的对话框选择光盘中的"设计图.dwg"作为导入的文件。	在打开导入选项对话框中进行确定，即可将素材导入到当前场景中。
	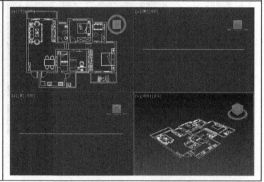

1.3　3ds Max 的界面设置

在 3ds Max 中可以对工具栏、命令面板的位置、视图窗口的布局等内容进行调整，以便定制出适合个人喜欢的工作环境，从而方便自己的操作，提高工作效率。

1.3.1　设置工具栏

工具栏中有许多工具按钮和功能按钮，用户可以根据工作需要对工具栏进行设置。例如，重新放置工具栏的位置、显示被隐藏部分的工具、设置为浮动工具栏、隐藏工具栏等。

1. 显示主工具栏的隐藏部分

在分辨率较小的屏幕上，不能完全显示主工具栏的工具按钮。将鼠标指针放在工具按钮之间的空白处，当鼠标指针变成手形样式时，按下鼠标左键并沿水平方向拖动主工具栏，即可显示出被隐藏部分的工具，如下图所示。

拖动显示隐藏的工具

2．设置为浮动工具栏

在工具栏左方的标题处右击，在弹出的快捷菜单中选择"浮动"命令，如左下图所示，可以将工具栏设置为浮动工具栏，如右下图所示。在弹出的快捷菜单中选择"停靠"命令，在其子命令中选择相应的命令，即可调整工具栏的位置。

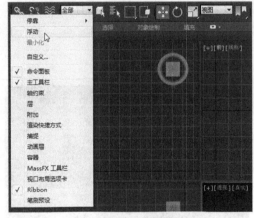
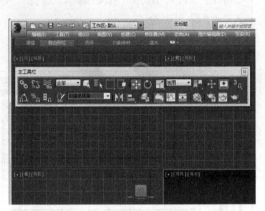

选择"浮动"命令　　　　　　　　　　　　　　　　设置为浮动工具栏

3．隐藏和显示工具面板

创建和编辑复杂的图像时，常常需要更大的视图窗口，除了通过改变显示器的屏幕分辨率以外，还可以通过快速隐藏工具栏来扩大视图窗口。

在工具面板中右击，在弹出的菜单中选择"显示选项卡"命令，在子菜单中选择其中的某个命令，如左下图所示，即可对相应的工具面板进行显示或隐藏。在命令前如果有勾选标记，则表示该工具面板处于显示状态，单击该命令取消选择，即可将对应的工具面板隐藏，如右下图所示是将"自由形式"和"对象绘制"工具面板隐藏的效果。

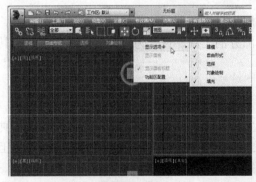

选择隐藏的面板　　　　　　　　　　　　　　　　隐藏部分面板的效果

专业提示： 按 Alt+6 键就可以隐藏主工具栏，再次按该快捷键，即可显示主工具栏。

1.3.2 设置命令面板

在默认状态下，3ds Max 中的命令面板位于窗口的右侧，如果要改变命令面板的位置，可以直接用鼠标拖动命令面板的标题栏，如下图所示。

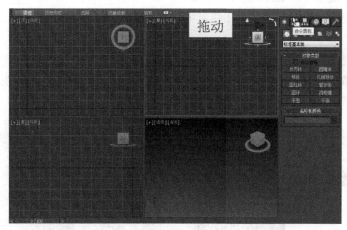

拖动命令面板

将其放在其他位置，当命令面板放在窗口中央时，命令面板将成为浮动面板，如下图所示。

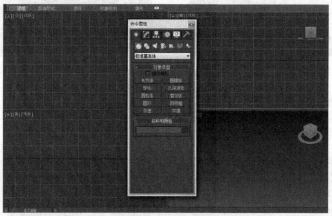

设置浮动命令面板

使用鼠标右击命令面板的标题栏，也可以在弹出的右键菜单中选择停靠面板的位置，或是将其设置为浮动面板。

专业提示：将命令面板拖到其他位置后，可以通过双击面板中的标题栏将其还原到默认的状态。

1.3.3 设置视图窗口

视图窗口是 3ds Max 的重要部分，用户可以根据需要设置视图窗口的布局、切换当前的视图、取消视图窗口的网格、更改视图视觉效果等。

1．设置视图窗口的布局

用户可以在"视口配置"对话框中重新设置每个视图，打开该对话框可以使用以下3种常见方法。

- 选择"视图"|"配置视口"命令。
- 单击视图标题处的+号，在弹出的快捷菜单中选择"配置视口"命令，如左下图所示。
- 右击视图右下角的视图导航区域内的任意一个按钮。

在"视口配置"对话框中包含了若干个选项卡，如"视觉样式和外观"、"背景"、"布局"、"安全框"、"显示性能"和"区域"，如右下图所示。

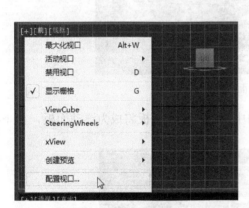

选择"配置视口"命令

"视口配置"对话框

设置视图窗口布局的具体操作方法如下。

1 选择"布局"选项卡	2 选择要合并的素材
❶选择"视图"|"配置视口"命令，打开"视口配置"对话框。 ❷选择"布局"选项卡，该选项卡提供了多种视图布局。	❶选择一种布局。 ❷单击下面的视图名称。 ❸在弹出的菜单中可以重新指定每个视图的类型（如将左视图改为右视图）。
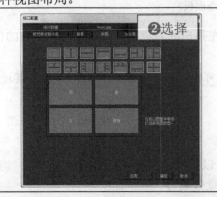	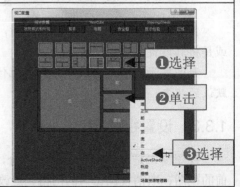

3 改变视图的布局	4 改变视图大小
选择好视图布局后，单击"确定"按钮，即可改变视图的布局。	拖拉视图的边界可以改变视图大小。
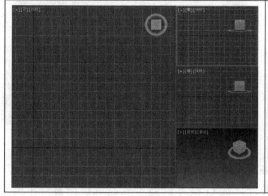	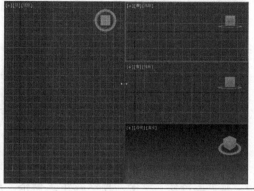

2. 切换当前的视图

在 3ds Max 中，用户可以根据需要更换视图窗口。例如，单击顶视图中的名称，在弹出的菜单中选择需要切换到的视图窗口（如底视图），如左下图所示，即可将顶视图更换为底视图，如右下图所示。

选择视图名称

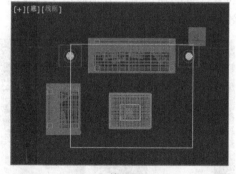

切换视图

专业提示：用户可以通过按下快捷键更改当前的视图，常用的视图切换快捷键包括：顶视图，T；底视图，B；前视图，F；左视图，L；透视图，P；摄影机视图，C；正交视图，U。

3. 取消视图窗口的网格

默认状态下，在视图窗口背景中存在着网格线，通常不利于图形的观看，用户可以通过如下操作取消视图窗口背景中的网格。

打开"沙发.max"文件，带网格的视图效果显示如左下图所示，然后选择"工具"|"栅格和捕捉"|"显示主格栅"命令，取消主栅格的显示，即可将网格线隐藏，效果如右下图所示。

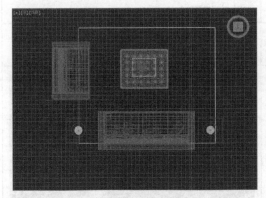
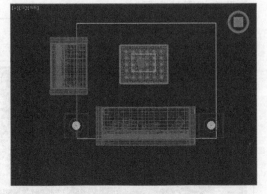

网格效果　　　　　　　　　　　　　　　　　　取消网格效果

　　专业提示：取消视图窗口背景的主栅格显示后，再次选择"工具"｜"栅格和捕捉"｜"显示主格栅"命令，可以显示主栅格。另外，按 G 键可以显示或隐藏视图窗口中的主栅格。

4. 更改视图视觉效果

　　单击视图窗口中的"线框"选项，在弹出的快捷菜单中可以更改视图显示效果，其中包括"线框"、"明暗处理"和"真实"等视觉效果，如左下图所示。在如右下图所示的 4 个视图窗口中，分别显示了沙发的"隐藏线"、"边界框"、"明暗处理"和"真实"效果。

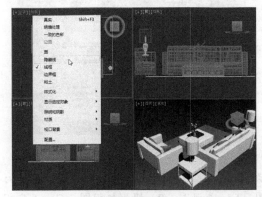
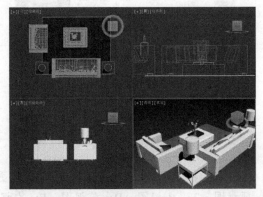

选择视觉效果　　　　　　　　　　　　　　　　明暗处理效果

1.4　3ds Max 的对象选择

　　在编辑模型之前，首先需要选择所要编辑的对象，然后才能对其进行编辑。用户不仅要掌握选择对象的操作，还需要熟练掌握选择并移动和选择并旋转工具的应用。

1.4.1 选择对象

在 3ds Max 中，常用的选择方法包括直接选择对象和按名称选择对象。另外，用户还可以使用不同的选择方式进行选择操作。

1. 直接选择

单击主工具栏上的"选择对象"按钮后，如左下图所示，在场景中单击要选择的物体便可以将其选中。用鼠标单击场景中的对象后，在正交视图中被选择的对象将变成白色，在透视图中被选择对象的四周会出现白色线框来标示出对象的轮廓范围，如右下图所示的长方体。

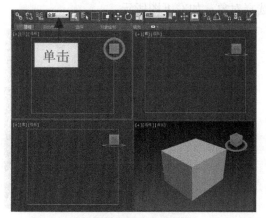
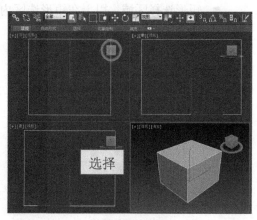

单击"选择对象"按钮　　　　　　　　　　　选择的长方体

专业提示：在按住 Ctrl 键的同时，可以对场景中的多个对象进行连续选择；按住 Alt 键的同时，可以取消场景中对象的选择。

2. 按名称选择

使用主工具栏上的"按名称选择"按钮可以通过物体的名称对其进行选择，该按钮位于"选择对象"按钮的右侧，如左下图所示。单击"按名称选择"按钮，将打开"从场景选择"对话框，如右下图所示。

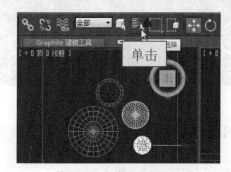
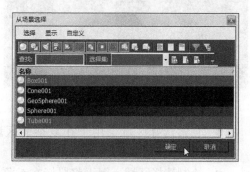

单击"按名称选择"按钮　　　　　　　　　　"从场景选择"对话框

在"从场景选择"对话框左边的对象列表框中列举了场景中存在的对象，在对话框的工具栏中提供了显示对象的类型（如显示几何体、显示图形、显示灯光等），在"查找"文本框中可以输入要选择的对象名称，即可选择指定的对象。在"名称"列表框中选择对象后，单击"确定"按钮，完成对指定对象的选择。

3. 使用选择区域

用户可以设置选择的区域。单击主工具栏中的"矩形选择区域"下拉按钮，可以展开选择区域的各个按钮，其中包括"矩形选择区域"按钮、"圆形选择区域"按钮、"围栏选择区域"按钮、"套索选择区域"按钮和"绘制选择区域"按钮，如左下图所示，其中各个工具按钮的功能如下。

● 矩形选择区域　用于在矩形选区内选择对象，如右下图所示。

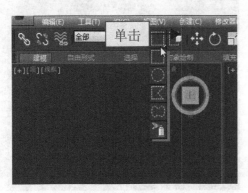
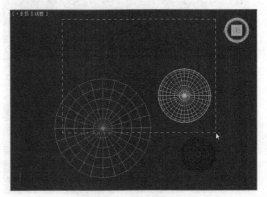

单击下拉按钮　　　　　　　　　　　　　使用"矩形选择区域"

● 圆形选择区域　用于在圆形选区内选择对象，如左下图所示。
● 围栏选择区域　用于在不规则的"围栏"形状内选择对象，如右下图所示。

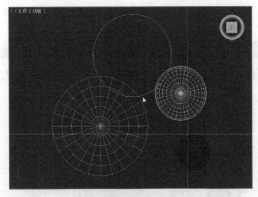

使用"圆形选择区域"　　　　　　　　　　使用"围栏选择区域"

● 套索选择区域　用于在复杂的区域内通过单击鼠标操作选择对象，如左下图所示。
● 绘制选择区域　用于将鼠标在对象上方拖动以将其选中，如右下图所示。

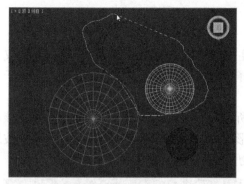

使用"套索选择区域"

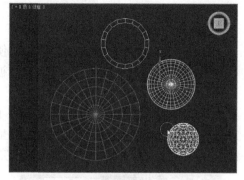

使用"绘制选择区域"

4. 使用选择方式

在按区域选择时，可以设置是按窗口或按交叉方式选择对象。单击主工具栏中的"窗口/交叉" 按钮 可以在窗口或交叉模式之间进行切换。

● 窗口　使用窗口选择对象时，只有被完全框选的对象才能被选中；若只框选对象的一部分，则无法将其选中，如左下图和右下图所示。

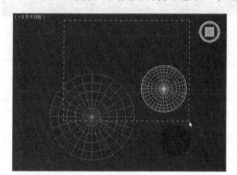

窗口选择操作

窗口选择结果

● 交叉　通过交叉选择方式，可以将矩形框内的图形对象、与矩形边线相接触的图形对象全部选中，如左下图和右下图所示。

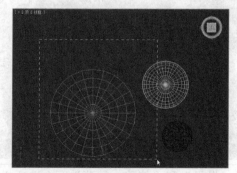

交叉选择操作

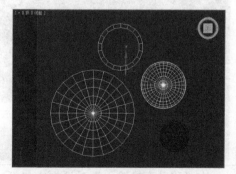

交叉选择结果

1.4.2 选择并移动对象

移动对象是绘图中最常用的操作，使用主工具栏中的"选择并移动"按钮 不仅可以对场景中的物体进行选择，还可以将被选择的物体移动到指定的位置。该工具位于主工具栏的左方，呈双十字箭头形状。

单击"选择并移动"按钮 ，如左下图所示，然后单击所要选择的物体即可将该对象选中，将鼠标移动到对象上，当鼠标呈 形状时，按住鼠标左键并拖动，即可将被选择的对象拖动到指定的位置，松开鼠标完成物体的拖动操作，如右下图所示。

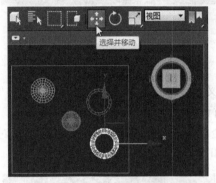
单击"选择并移动"按钮

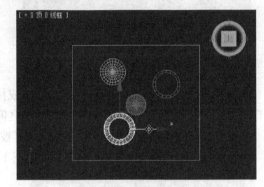
拖动对象

用拖动鼠标的方法只能将对象移到一个大致的位置，如果要将对象精确地移动一段距离，则可以使用如下操作方法来实现。

1 输入参数	2 移动对象
❶在选择对象后，使用鼠标右击"选择并移动"按钮 。 ❷打开"移动变换输入"对话框，输入需要移动对象的距离。	按 Enter 键，即可将对象按照指定的距离进行移动。
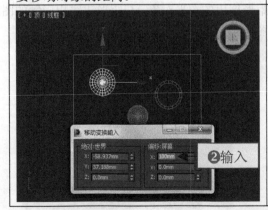	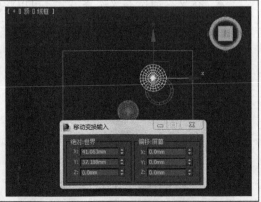

在"移动变换输入"对话框中包括"绝对：世界"和"偏移：屏幕"两个选项栏，其中各项的含义如下。

- 绝对　用于改变物体的绝对坐标值。
- 偏移　用于改变物体相对的位置。
- X　改变物体在 X 轴方向的位置。
- Y　改变物体在 Y 轴方向的位置。
- Z　改变物体在 Z 轴方向的位置。

1.4.3　选择并旋转对象

使用"选择并旋转"按钮<img_1/>可以在选择对象的同时将对象进行旋转，该工具位于"选择并移动"工具的右侧。单击"选择并旋转"按钮<img_2/>，然后选择一个对象并按住鼠标进行拖动，即可对该对象进行旋转操作，如左下图所示。在旋转图形时，在图形的上方将显示旋转的角度数，如右下图所示。

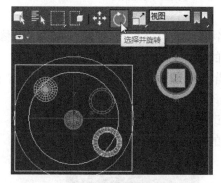

单击"选择并旋转"按钮

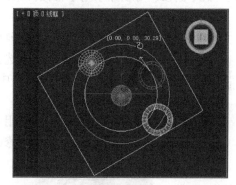

旋转对象

同移动对象一样，用拖动鼠标的方法只能将对象旋转一个大致的角度，如果要将对象精确地旋转，则可以使用如下操作方法来实现。

1 输入参数	2 旋转对象
❶在选择对象后，使用鼠标右击"选择并旋转"按钮。 ❷打开"旋转变换输入"对话框，输入需要旋转对象的角度。	按 Enter 键，即可将对象按照指定的角度进行旋转。
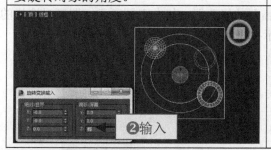	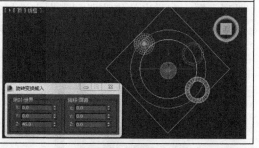

专业提示：按住 Shift 键的同时，对模型进行移动或旋转操作，可以在打开的"克隆选项"对话框中对原模进行复制设置。

1.5 认识 3ds Max 修改器

对模型进行修改通常是由各种修改命令来完成的，这些命令存放在"修改器"菜单和"修改"面板中的修改器列表中。

1.5.1 修改器简介

在 3ds Max 的修改器列表中存放着所有的修改器，一个对象可以被应用许多修改器。要使用修改器，可以通过在"修改器"菜单中选择修改器的类型，或者在"修改"面板的"修改器列表"中直接选择修改器的类型。单击命令面板中的"修改"标签进入"修改"命令面板，可以显示用于修改图形的修改面板，如左下图所示。

在"修改"面板中各部分的作用如下。

● 名称文本框 用于显示当前选择物体的名称，并且可以在此对物体的名称进行修改。

● 颜色框 用于显示和修改当前选择物体的颜色。

● 修改器列表 在该下拉列表框中存放着 3ds Max 的所有修改命令，如右下图所示。

● 修改器堆栈 用于显示处于使用中的修改命令及其子命令。

● 参数控制区 显示当前使用中修改命令的可控制参数。

 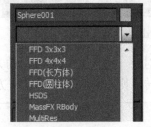

"修改"命令面板   修改器列表

1.5.2 修改器的运用

选择要修改的对象，单击命令面板中的"修改"标签进入修改面板，然后单击修改器列表框，在弹出的修改器列表框中选择需要的修改器，如左下图所示，即可对选择的对象应用该修改器，在修改器堆栈中将显示被添加的修改器，如右下图所示。

选择修改器   添加的修改器

专业提示：每个物体都可以为其添加多个修改器，通过修改器堆栈可以查看每一个对象的创建和修改参数。

为对象添加修改器后，用户可以根据需要修改其中的参数，以达到最终的修改目的。在堆栈中有 5 个用于控制修改器的工具按钮，它们分别是"锁定堆栈"按钮、"显示最终结果开/关切换"按钮、"使唯一"按钮、"从堆栈中移除修改器"按钮和"配置修改器集"按钮，各个按钮的功能如下。

- 锁定堆栈　将修改器堆栈锁定到目前对象上，即使选取了场景中的其他对象，修改器仍只作用在锁定对象上。
- 显示最终结果开/关切换　单击该按钮可以显示对象使用修改器的最终效果。
- 使唯一　建立独立修改器，使被选修改器成为目前对象的独立修改器。
- 从堆栈中移除修改器　单击该按钮将删除所选择的修改器。
- 配置修改器集　单击该按钮，将弹出用于选择修改器的菜单。

1.6　认识材质编辑器

编辑模型表面的材质是在"材质编辑器"对话框中进行的。因此，要对模型进行材质编辑，首先需要认识并掌握材质编辑器。

1.6.1　打开材质编辑器

在 3ds Max 中包括两种材质编辑器：即 Slate 材质编辑器和精简材质编辑器，分别如左下图和右下图所示，在效果图制作时，精简材质编辑器较为常用，在"材质编辑器"对话框中主要包括菜单栏、材质样本球、工具栏和参数展卷栏 4 个部分。

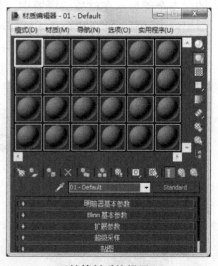

Slate 材质编辑器　　　　　　　　　　　　精简材质编辑器

两种材质编辑器的功能相似，下面以精简材质编辑器为例，介绍材质编辑器的打开方法，包括如下 3 种方法。

- 单击主工具栏上的"材质编辑器"按钮 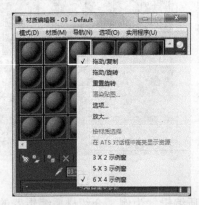。
- 选择"渲染"|"材质编辑器"|"精简材质编辑器"命令。
- 按快捷键 M 打开。

1.6.2　材质编辑器菜单

材质编辑器的菜单位于对话框的顶部,包括了工具栏中的主要命令,由"模式"、"材质"、"导航"、"选项"和"实用程序"菜单组成。

- "模式"菜单　用于控制材质编辑器的显示模式。
- "材质"菜单　包括用于获得材质、更改材质类型、生成预览、更新活动材质等命令。
- "导航"菜单　包括用于材质层级之间进行转换的命令。
- "选项"菜单　包括用于控制材质球的更新、背景显示方式、材质球在材质窗口中的显示方式等命令。
- "实用程序"菜单　主要包括了渲染贴图、按材质选择对象、清理多维材质、实例化重复的贴图等命令。

1.6.3　材质样本球

在材质编辑器中,材质样本球用于显示材质编辑的效果,用户可以调整材质样本球的显示大小、复制材质样本球属性、控制同步与非同步材质样本球。

1. 材质样本球的显示大小

在材质编辑器中存放着 24 个材质样本球。在默认状态下,24 个材质样本球以最小的状态全部显示在材质编辑器中,如果要以较大的状态显示材质样本球,则可以在材质编辑器中只显示部分材质样本球即可。

选择一个材质样本球,然后右击,在弹出的菜单中选择"3×2 示例窗"或"5×3 示例窗"命令,如左下图所示,即可更改窗口中材质样本球的大小,如右下图所示是 3×2 示例窗的效果。

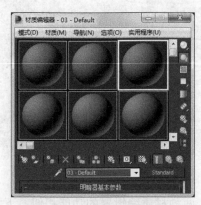

右键菜单　　　　　　　　　　　　　　"3×2 示例窗"的效果

在 3×2 示例窗口中，用户可以将鼠标停留在两个样本框的边界处，当光标呈现出手状 时，按住鼠标左键不放进行上下或左右拖动，即可显示其他材质样本球，如左下图所示。双击材质编辑器中的材质样本球，将打开材质样本球对话框，可以单独显示指定的材质样本球，如右下图所示。

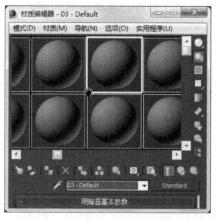
拖动

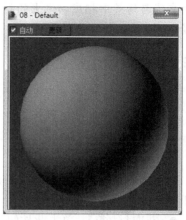
单独显示

2．复制材质样本球属性

如果需要将材质样本球上的材质属性及外观特性一起复制给另一个未被编辑过的样本球，只需要在编辑过的材质样本球上按住鼠标左键不放，将光标拖动到未被编辑过的样本球上即可。例如，将材质样本球 01 拖动到材质样本球 02 上，如左下图所示，然后释放鼠标，即可将材质样本球 01 的属性复制到材质样本球 02 上。

3．使用热材质与冷材质

在 3ds Max 中，材质分为热材质与冷材质，当材质样本球四周有白色的小三角形时，这种材质就是热材质，即是被使用后的材质。如右下图所示中的第二个材质样本球便是热材质，其他材质样本球均是冷材质。

复制材质

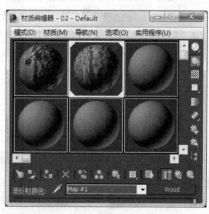
冷热材质

当一个材质样本球被指定给场景中的一个物体时，如果想改变这个热材质样本球，又不想影响场景中物体的材质，则可以单击材质面板中的"生成材质副本"按钮 🔲，将这个热材质样本球转变为冷材质样本球，就可以随意编辑这个材质样本球了。

专业提示：当热材质被编辑时，场景中相应物体的材质同样也将被编辑，即是说材质样本球与场景中相应物体上的材质是同时被改变的。对冷材质的编辑，则不会影响到场景中物体上的材质变化。

1.6.4 材质编辑器工具栏

在材质编辑器中包括了两类工具栏，一类是材质编辑工具栏，位于材质样本球的下方；另一类是材质控制工具栏，位于材质样本球的右方。

1. 编辑工具栏

材质编辑工具栏是执行有关材质编辑、使用的工具栏，其中包括 13 种工具按钮，各种工具按钮的作用如下。

- 获取材质 🔲　单击此按钮，将打开"材质/贴图浏览器"对话框，用户在此可以自由地选择材质，同时可以进行装载和编辑。
- 将材质放入场景 🔲　单击此按钮，可以将编辑好的材质重新运用于场景中的对象。
- 将材质指定给选定对象 🔲　单击此按钮，将编辑好的材质赋予场景中被选择物体。
- 重置贴图/材质为默认设置 🔲　单击此按钮，选中的材质样本球将恢复默认的状态。
- 生成材质副本 🔲　单击此按钮，可将编辑中的材质样本球复制成副本材质样本球。
- 使唯一 🔲　单击此按钮，将根据多级材质的参考属性复制子材质，成为单独材质。
- 放入库 🔲　单击此按钮，可以将编辑好的材质存储至材质库中，方便在以后的工作中随时调用。
- 材质 ID 通道 🔲　单击此按钮，可以为材质制订特效通道，通过特效通道，可以在影像输出时为材质指定特殊的处理效果。
- 视口中显示明暗处理器材质 🔲　单击此按钮，可以在场景中显示同步贴图。
- 显示最终结果 🔲　用于显示出复杂材质的最终效果，默认状态为打开。
- 转到父对象 🔲　单击此按钮，可以回到编辑材质层级的上一层。
- 转到下一个同级项 🔲　单击此按钮，可以在不同的子层级间切换。
- 从对象拾取材质 🔲　单击此按钮，在有材质的物体上单击，即可将其材质复制到目前材质样本球上。

2. 控制工具栏

材质控制工具栏用于控制材质样本球的显示方式，其中包括 9 种工具按钮，各个工具按钮的作用如下：

- 采样类型 🔲　用于设置样本的 3 种显示方式，单击该工具下拉按钮，可以展开其中的子工具，包括球形显示 🔲、柱形显示 🔲、正方体显示 🔲。

- 背光![icon] 　单击此按钮，在材质样本球的右下方会出现一个光照效果，默认状态为打开。
- 背景![icon] 　给材质样本球增加一个方格背景，常为编辑玻璃等透明材质时提供直观效果。
- 采样 UV 平铺![icon] 　将贴图在对象表面的 UV 方向上进行重复阵列，有助于对一些无缝连续贴图进行预览。包括 4 种预览方式，分别是 1 次状态显示贴图预览方式、4 次状态显示贴图预览方式、9 次状态显示贴图预览方式和 16 次状态显示贴图预览方式。
- 视频颜色检查![icon] 　系统会对影带输入进行色彩检查，看是否有 NTSC 或者 PAL 中不能显示的色彩掺杂在其中。
- 生成预览![icon] 　系统会在材质样本球的材质预览处进行动画材质的预演。
- 选项![icon] 　单击此按钮，系统会弹出"材质编辑器选项"对话框，在对话框中可以定义预览窗口的属性。
- 按材质选择![icon] 　从场景中选择与当前所选材质相关联的物体。单击此按钮，将打开"选择对象"对话框，在该对话框中将选择拥有指定材质的对象。
- 材质/贴图导航器![icon] 　单击此按钮，系统会弹出"材质导航器"对话框，在对话框中可以快速地查看整个材质编辑的结构。

专业提示：在下载并安装 VRay 渲染插件后，可以在"材质/贴图浏览器"对话框中选择 VRay 材质类型，VRay 渲染插件是目前效果图制作中最常用的插件。

1.7　认识 3ds Max 灯光

3ds Max 提供了多个不同的灯光类型，分别是以不同光线的方式投影到场景中。3ds Max 的灯光可分成两种类型：人工光和自然光。人工光通常指室内场景中由灯具提供的光源；自然光用在窗外的场景，主要是模拟太阳之类的光源。

1.7.1　运用人工光

在 3ds Max 中安装 VRay 插件后，在命令面板中单击"灯光"按钮![icon]，在灯光列表中包括"标准"、"光度学"和 VRay 三种灯光类型，如下图所示。其中泛光灯、聚光灯、平行光、目标灯光、自由灯光和 VR 灯光都是用于模拟人工光。

三种灯光类型

人工光的灯光属性通常包括灯光常规参数、强度、阴影等参数，下面以泛光灯为例，介绍人工光主要参数的应用。

在"创建"命令面板中单击"灯光"按钮，在"灯光类型"下拉列表框中选择"标准"选项，然后在"标准"灯光创建面板中单击"泛光"按钮，再在视图中单击，即可创建一盏泛光灯，如左下图所示。在泛光灯的各个参数展卷栏中可以设置灯光的强度和阴影等，如右下图所示。

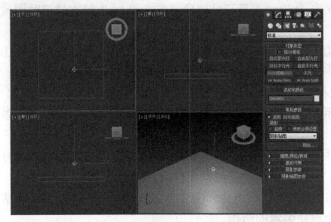

创建泛光灯   泛光灯参数

选择"修改"命令面板，其中显示了泛光灯的多个可控参数展卷栏，如"常规参数"、"强度/颜色/衰减"、"高级效果"、"阴影参数"和"阴影贴图参数"等，下面主要介绍"常规参数"和"强度/颜色/衰减"参数的含义。

1. "常规参数"展卷栏

单击"常规参数"展卷栏前面的+号，可以展开该展卷栏。该展卷栏中包括了灯光和阴影的开关选项，以及如何投射阴影。

- 启用　选中此复选框，该泛光灯将产生阴影效果。
- 使用全局设置　选择此复选框，场景中的所有投影灯都会产生阴影效果。
- 阴影贴图　用户可以在该下拉列表框中选择产生阴影的方式。
- 排除　该选项可以控制灯光对哪些物体不受影响。单击该按钮，可打开"排除/包含"对话框。在左边的窗口中选择要排除的物体后，单击对话框中的 按钮，将其列入右方被排除区域中，这样灯光就不会对它们产生作用了。

2. "强度/颜色/衰减"展卷栏

单击"强度/颜色/衰减"展卷栏前面的+号，展开该展卷栏。在该展卷栏中，主要包括了用于控制灯光亮度和衰减度的参数选项。

- 倍增　该选项用于控制灯光的照明亮度，通过改变选项中的数值，可以调整灯光对场景的照明亮度。单击该选项右侧的颜色块，可以打开"颜色选择器"对话框，可以为灯光选择任意的色彩。

- 衰退 在该选项区域中为灯光提供了"类型"、"开始"和"显示"3 个选项。在"类型"下拉列表框中，可以选择灯光衰减的类型；通过调节"开始"数值框，可以改变灯光衰减的起始范围；选中"显示"复选框，可以使灯光的光线范围以线框方式显示。

- 近距衰减 该选项区域中包括了"开始"、"结束"、"使用"和"显示"4 个选项。"开始"和"结束"用于控制近距衰减的起始范围和结束范围；"使用"复选框用于控制灯光近距衰减的开关。

- 远距衰减 该选项区域包括"开始"、"结束"、"使用"和"显示" 4 个选项，它们的含义与"近距衰减"选项区域的相应选项相似。

1.7.2 运用自然光

在 3ds Max 中，天光、mr 天空入口、VR 环境灯光、VR 太阳等都是用于模拟自然光的效果。

例如，在 VRay 灯光面板中单击"VR 太阳"按钮，然后在顶视图中拖动鼠标，即可创建一个 VR 太阳光，如左下图所示，创建好 VR 太阳后，可以通过调整太阳的投射点和目标点调节太阳光照的角度，如右下图所示。

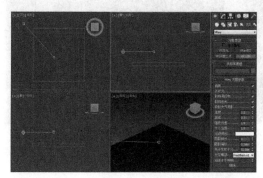 

创建 VR 太阳　　　　　　　　　　　　　调节光照角度

1.8　认识 3ds Max 摄影机

在默认情况下，3ds Max 中包括目标摄影机和自由摄影机。目标摄影机和自由摄影机的参数基本相同。

1.8.1 目标摄影机

目标摄影机多用于场景视角的固定拍摄，在效果图制作中，通常使用目标摄影机对场景进行观看。目标摄影机的前面有一个很容易控制的目标点，在摄影机不能移动而又需要改变场景的预览角度的情况下很有用，用户只需要拖动摄影机的目标点，就可以改变场景的预览角度。

1.8.2 自由摄影机

自由摄影机没目标点，其效果就像现实中的摄影机，多用于游走拍摄基于路径的动画。自由摄影机在摄影机指向的方向查看区域。与目标摄影机不同，它有两个用于目标和摄影机的独立图标，自由摄影机由单个图标表示，为的是更轻松设置动画。

1.8.3 摄影机参数

在"摄影机"创建面板中单击"目标"按钮，即可在视图中创建目标摄影机，如左下图所示，目标摄影机主要包括了两个参数展卷栏，即"参数"展卷栏和"景深参数"展卷栏，如右下图所示。

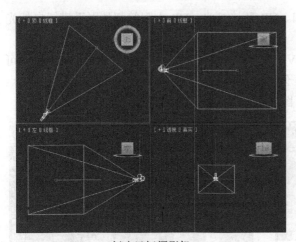
创建目标摄影机

"参数"展卷栏和"景深参数"展卷栏

1. "参数"展卷栏

在"参数"展卷栏中，主要包括了用于控制摄影机镜头的聚焦和环境取景范围等参数选项，主要用于设置摄影机的镜头、视野和显示状态等参数，其中常用选项的含义如下。

● 镜头 通过调节"镜头"数值，可以改变摄影机的镜头范围；也可以单击"备用镜头"选项区域下方的按钮，来选择系统提供的镜头值，镜头值的单位为 mm。

● 视野 "视野"数值用于控制摄影机的镜头范围，单位是"度"。

● 显示圆锥体 选中该复选框，系统将显示摄影机所能拍摄的锥形视野范围框。

● 显示地平线 选中该复选框，系统将显示场景中的地平线，以供摄像时作为判断依据。

● 环境范围 在"环境范围"选项区域中，选中"显示"复选框，可以显示大气效果的范围框，其中"近距范围"和"远距范围"选项用于调节大气效果的范围。

● 剪切平面 "剪切平面"选项区域用于设定摄影机的剪辑范围，通过设置摄影机的"近距剪切"和"远距剪切"选项，可以选拍物体的内部。

2."景深参数"展卷栏

在"景深参数"展卷栏中包括了"焦点深度"、"采样"、"过程混合"和"扫描线渲染参数"4 个选项组，各选项组的作用如下。

● 焦点深度　该选项区域用于控制摄影机焦点的远近位置。
● 采样　该选项区域用于观察渲染景深特效时的采样情况。
● 过程混合　该选项区域用于控制模糊抖动的数量和大小。
● 扫描线渲染参数　该选项区域用于选择渲染时扫描的方式。

1.9　3ds Max 渲染器

渲染用于及时查看目前的场景效果，以及在设计完成后制作出最终效果图。在 3ds Max 中包括多个渲染器，在安装 VRay 插件后，还可以选择 VRay 渲染器。

1.9.1　默认渲染器

默认情况下，3ds Max 使用的是扫描线渲染器，该渲染器特点是参数简单，渲染速度快。选择"渲染"|"渲染设置"命令，或者按 F10 键，打开"渲染设置"对话框，选择"渲染器"选项卡，在此可以设置扫描线渲染器的参数选项，如下图所示。

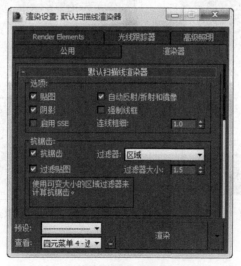

"渲染设置"对话框

1.9.2　指定渲染器

在"渲染设置"对话框中选择"公用"选项卡，展开"指定渲染器"展卷栏，单击"产器级"选项后面的"选择渲染器"按钮，如下图所示，即可在打开的"选择渲染器"对话框中重新指定需要的渲染器。

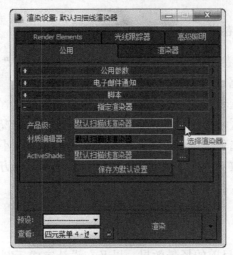

单击"选择渲染器"按钮

例如，在"选择渲染器"对话框中选择 V-Ray Adv 2.40.03 选项并单击"确定"按钮，如左下图所示，即可应用 VRay 渲染器，如右下图所示，该渲染器是目前效果图制作中最为常用的。

选择渲染器

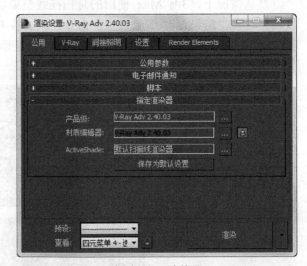

应用 VRay 渲染器

第 2 章 制作客厅效果图

学习目标

随着生活品质的提升，现代家庭对室内的装修越来越重视，而装修中最重要的一个亮点就是客厅，因为不论是主人茶余饭后的休憩，还是客人的来访，客厅都是人们停留最多的地方。

在本章的学习中，将学习客厅的表现方法。在绘制客厅效果图之前，首先介绍客厅的设计理念，通过理论结合实战对客厅效果的制作进行详细讲解。

效果展示

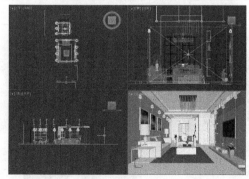

2.1 客厅设计基础

进行客厅的设计前，首先要熟悉室内的尺寸，然后灵活把握空间尺度，达到功能相通、空间相融的效果。同时要求打破常规，精巧地处理细部，巧妙地穿插。在客厅效果图的表现过程中，需要注意以下几点。

- 家具布局　沙发和茶几是客厅待客交流及家庭团聚畅叙的物质主体。因此，沙发选择的好坏、舒适与否，对待客情绪和气氛都会产生很重要的影响。
- 吊顶设计　客厅的天花造型也是一个设计的重点，如果没有吊顶，整个空间就会显得呆板、没活力，然而客厅又受空间的局限，过大面积的吊顶，则会使整个空间显得很压抑，因此，局部的吊顶通常是客厅最好的选择，如左下图所示。
- 材质选用　在材质的选择上，可以根据设计的风格选择材质。例如，现代风格可以选用白色或其他浅色材质，中式风格可以选用深色材质。
- 灯光表现　灯光是效果图表现的重要元素，客厅的灯光一定要明亮，过暗的灯光只会使空间显得更狭小。明亮的光线配以玻璃材质，室内的空间感即可体现出来，如右下图所示。

局部吊顶效果　　　　　　　灯光表现效果

2.2　绘制客厅模型

文件路径	案例效果
实例： 随书光盘\实例\第2章 素材路径： 随书光盘\素材\第2章 教学视频路径： 随书光盘\视频教学\第2章	

设计思路与流程

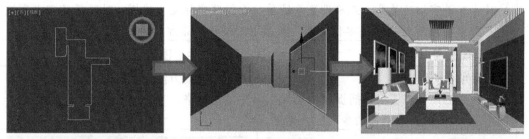

导入参考图形　　　　　　　　绘制框架结构　　　　　　　　合并模型

制作关键点

在本例的制作中，墙体门洞、电视墙和踢脚线的制作是比较关键的地方。

● 墙体门洞　绘制墙体门洞时，需要将有门的一面墙体进行分割，可以使用连接边的操作，将该面墙分成几个部分，然后将其中的一个部分调整为门的大小，再将该部分向外挤出。

● 电视墙　绘制电视墙的波浪板造型时，可以使用"矩形"命令绘制多个矩形组成波浪板造型的平面，然后将这些矩形附加在一起，再将其挤出为实体模型。

● 踢脚线　绘制踢脚线时，可以使用"线"命令绘制踢脚线的路线，然后为线添加轮廓边，再将其挤出为实体模型。

2.2.1　绘制客厅框架

1 设置单位比例	2 设置系统单位
❶选择"自定义"|"单位设置"命令，打开"单位设置"对话框。 ❷在"显示单位比例"选择栏中的"公制"下拉列表中选择"毫米"选项。	❶单击"系统单位设置"按钮。 ❷在打开的"系统单位设置"对话框中设置"1 单位=1.0 毫米"。 ❸单击"确定"按钮关闭对话框。
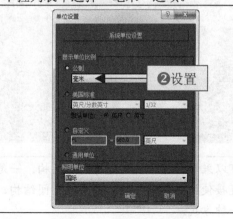	

专业提示：在效果图制作中，一般使用毫米作为系统单位，显示单位比例一般和系统单位保持一致。另外，在使用光度学灯光的时候，光源对空间的照明效果和空间的尺寸有着密切的关系，正确设置系统单位和按照实际尺寸建模，对以后的布光和渲染有着重要意义,这个系统单位设置对效果图的制作是非常重要的。

3 取消视图窗口中的栅格	4 取消其他视图窗口中的栅格
❶选择顶视图窗口。 ❷选择"工具"│"栅格和捕捉"│"显示主栅格"命令，即可取消该命令前的√标记。	使用同样的方法，依次取消其他视图窗口中的主栅格。

专业提示：在绘制模型的操作中，通常需要隐藏视图中的栅格，这样有利于对视图中的模型进行查看。除了可以通过菜单命令隐藏栅格对象外，用户也可以在选择视图后，按 G 键快速将其中的栅格隐藏。

5 选择并打开参考图形	6 导入参考图形
❶单击"程序"图标，在弹出的菜单中选择"导入"│"导入"命令。 ❷在打开的对话框中选择并打开"客厅结构.dwg"文件。	在弹出的"AutoCAD DWG/DXF 导入选项"对话框中单击"确定"按钮，将素材图形导入到当前的场景中。
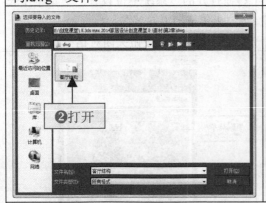	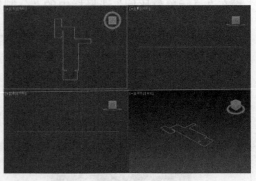

专业提示：在绘制室内效果图时，通常可以采用两种方法确定房间的结构。一是导入已有的房间结构图作为建模参考；二是直接使用建模命令绘制房间的空间结构、绘制不规则的房间结构时，通常需要采用第一种方式。

7 设置捕捉开关	8 绘制封闭的线条图形
❶单击主工具栏中的"捕捉开关"按钮，将其激活，然后右键单击"捕捉开关"按钮。 ❷在打开的"栅格和捕捉设置"对话框中只选中"顶点"复选框。	❶将顶视图最大化显示，然后在"图形"创建命令面板中单击"线"按钮。 ❷通过捕捉参考图的端点绘制封闭线条图形。 ❸在弹出的"样条线"对话框中单击"是"按钮。

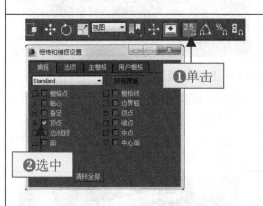

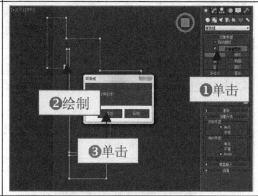

　　专业提示：单击"捕捉开关"下拉按钮，可以在弹出的下拉列表中选择2维、2.5维、3维等捕捉方式。

9 应用"挤出"修改器	10 设置挤出参数
❶单击命令面板中的"修改"按钮。 ❷单击"修改器列表"右方的下拉按钮，在弹出的修改器列表中选择"挤出"命令。	在"挤出"修改器的"参数"展卷栏中设置挤出数量为0。

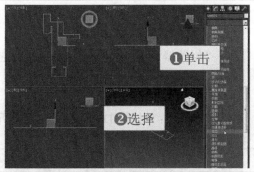

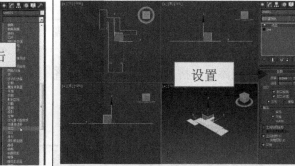

11 将对象转换为可编辑多边形	12 重命名图形
❶在视图中选中挤出的对象。 ❷单击右键，在弹出的菜单中选择"转换为"|"转换为可编辑多边形"命令。	❶选中转换为可编辑多边形的对象。 ❷在命令面板的"名称"文本框中输入对象的名称"地面"。

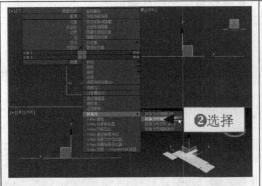

13 复制地面模型

❶选中地面的对象，选择"编辑"|"克隆"命令。

❷在打开的"克隆选项"对话框中将复制得到的对象命名为"顶面"。

14 向上移动顶面模型

❶选中顶面模型，然后使用鼠标右键单击主工具栏中的"选择并移动"按钮 ✛。

❷在打开的"移动变换输入"对话框中输入偏移 Z 的值为 2800mm。

15 绘制墙体

❶使用"线"命令参照客厅结构图绘制墙体线。

❷为墙体线添加"挤出"修改器，设置挤出数量为 2800mm。

16 设置对象材质 ID 编号

❶将挤出的对象转换为可编辑多边形。

❷在"修改器堆栈"中选择"多边形"选项。

❸选择左方的墙体。

❹在"多边形：材质 ID"展卷栏中设置所选面的材质 ID 为 2，其他面的材质 ID 为 1。

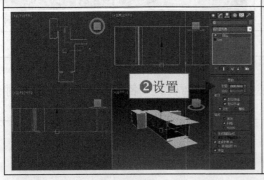

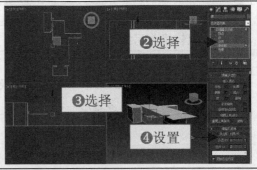

2.2.2　创建墙体门洞

1 创建摄影机	2 设置摄影机参数
❶在"创建"命令面板中单击"摄影机"按钮❐。 ❷在"对象类型"展卷栏中单击"目标"按钮。 ❸在顶视图中单击并拖动鼠标，创建一架目标摄影机。	❶选择"修改"命令面板，在"参数"展卷栏中设置镜头值为 28mm。 ❷在前视图将摄影机向上适当移动。 ❸选择透视图后按 C 键，将其切换到摄影机视图中。
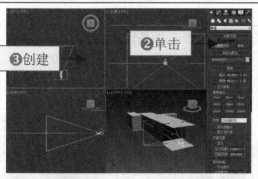	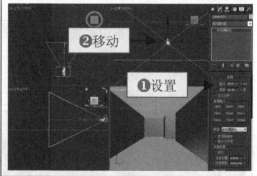
3 选择垂直边	4 连接垂直线
❶在摄影机视图中单击显示模式名称，在弹出的菜单中选择"线框"命令。 ❷选择墙体，然后在"修改器堆栈"中选择"边"选项。 ❸选择右前方的两条垂直边。	单击鼠标右键，在弹出的菜单中选择"连接"命令，即可在选择的两条垂直边之间创建一条连接线（即新建的边）。
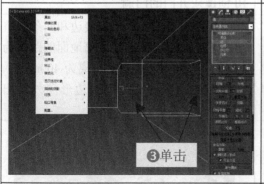	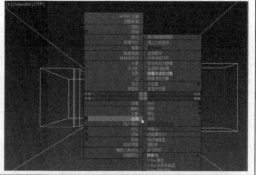
5 移动添加的边	6 单击连接的"设置"按钮
❶选择添加的边，然后使用鼠标右键单击主工具栏中的"选择并移动"按钮❖。 ❷在打开的"变换"对话框中输入偏移 Z 的值为 600mm。	❶选择添加的边和其下方的边。 ❷单击鼠标右键，在弹出的菜单中单击"连接"命令左方的"设置"按钮❏。

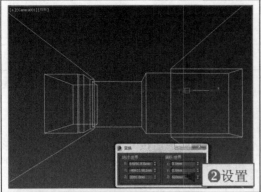

7 设置要添加的连接边	8 移动添加的连接边
❶在出现的设置数字框中设置连接边的分段为2。 ❷单击"加号"按钮 ⊕ 添加两条连接边。 ❸单击"取消"按钮 ⊗ 结束操作。	❶选择添加的两条连接边,适当向左移动,并调整两条连接边的距离约为700mm。 ❷选择添加连接边之间的多边形。

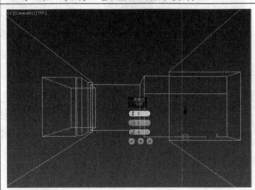 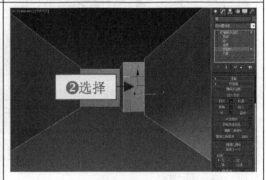

9 向外挤出多边形	10 创建双开门的门洞
❶在"编辑多边形"展卷栏中单击"挤出"选项右方的"设置"按钮 ▣ 。 ❷设置挤出的数量为–200mm,单击"加号"按钮 ⊕ 进行一次挤出操作,再单击"取消"按钮 ⊗ 结束操作。	❶在前方添加一条水平连接边和两条垂直连接边,调整水平连接边离地面的距离为2000mm,垂直连接边的距离为400mm。 ❷将添加连接边之间的多边形向外挤出–200mm。

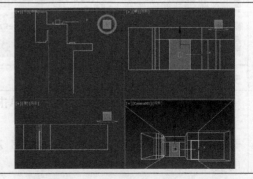

2.2.3　绘制电视墙

1 绘制矩形	**2 挤出模型**
❶在左视图中使用"矩形"命令绘制一个矩形。 ❷在"修改"命令面板中设置矩形的"长度"为 2370mm、"宽度"为 4250mm。	❶在"修改器列表"中选择"挤出"命令。 ❷设置挤出的数量为 5mm。 ❸将挤出模型移动到墙面处。
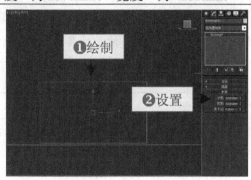	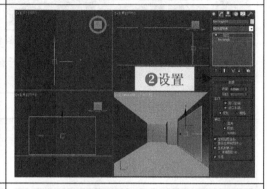
3 绘制并复制矩形	**4 绘制并复制小矩形**
❶在左视图中绘制一个"长度"为 2580mm、"宽度"为 30mm 的矩形。 ❷按住 Shift 键，将矩形向右拖动到合适的位置，在弹出的"克隆选项"对话框中设置"副本数"为 5。	❶在左视图中绘制一个"长度"为 190mm、"宽度"为 30mm 的矩形。 ❷按住 Shift 键，将矩形向右拖动到合适的位置，在弹出的"克隆选项"对话框中设置"副本数"为 55。
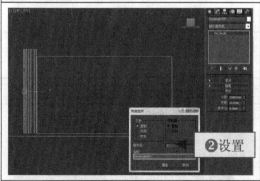	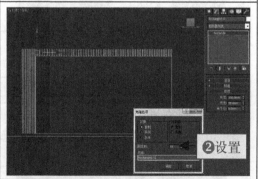
5 附加图形	**6 挤出模型**
❶将其中的一个矩形转换为可编辑样条线。 ❷在"修改"命令面板中展开"几何体"展卷栏，然后单击"附加多个"按钮。 ❸在打开的"附加多个"对话框中将所有的矩形附加在一起。	❶在"修改器列表"中选择"挤出"命令。 ❷设置挤出的数量为 30mm。 ❸将挤出模型移动到墙面处。

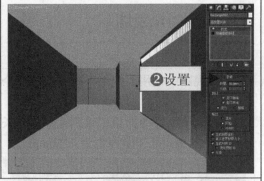

　　专业提示： 使用"附加"功能可以将多个图形附加在一起，便于对其进行编辑管理，附加的图形不同于群组对象，附加后的图形相当于是一个新图形，不能对其进行分解。

7 绘制封闭造型图形	**8 挤出模型**
❶在"图形"创建命令面板中单击"线"按钮。 ❷在左视图中绘制一个封闭造型图形。	❶在"修改器列表"中选择"挤出"命令。 ❷设置挤出的数量为 80mm。 ❸将挤出模型移动到墙面处。

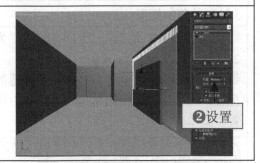

2.2.4　绘制墙面踢脚线

1 隐藏电视墙模型	**2 绘制线条**
❶选择绘制的电视墙模型。 ❷单击鼠标右键，在弹出的菜单中选择"隐藏选定对象"命令。	❶在"图形"创建命令面板中单击"线"按钮。 ❷在顶视图中的电视墙面处绘制一条线段。

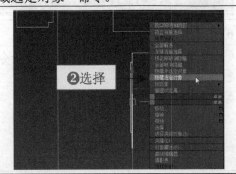

3 添加线条轮廓	4 挤出模型
❶选择"修改"面板，在"修改器堆栈"中选择"样条线"选项。 ❷在"几何体"展卷栏中设置"轮廓"值为 30mm，按 Enter 键确定。	❶在"修改器列表"中选择"挤出"命令。 ❷设置挤出的数量为 120mm。
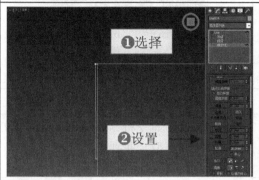	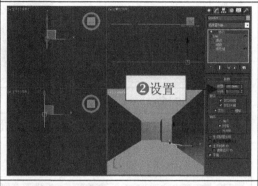
5 绘制其他踢脚线	6 绘制长方体
❶在视图中单击鼠标右键，在弹出的菜单中选择"全部取消隐藏"命令。 ❷使用前面的方法绘制其他的踢脚线模型。	❶使用"长方体"命令在顶视图中绘制一个"长度"为 3600mm、"宽度"为 400mm、"高度"为 60mm 的长方体。 ❷将长方体向上移动 200 mm。
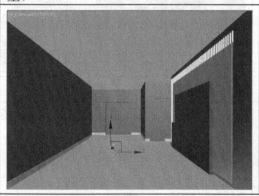	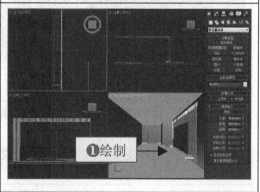

2.2.5　合并客厅模型

1 选择"双开门"文件	2 合并双开门模型
❶单击程序图标，在弹出的菜单中选择"导入"|"合并"命令。 ❷在打开的"合并文件"对话框选择并打开"双开门.max"文件。	❶在"合并"对话框左方的列表中选择"双开门"选项。 ❷单击"确定"按钮将选择的模型合并到场景中。

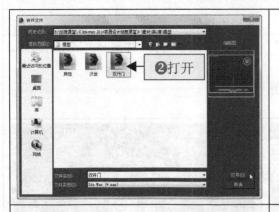

3 移动合并对象	**4 合并沙发模型**
❶单击主工具栏中的"选择并移动"按钮 ❖。 ❷在顶视图中适当调整合并模型的位置。	使用"合并"命令将"沙发.max"素材文件中的沙发模型合并到场景中。

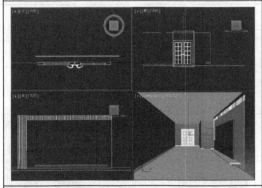 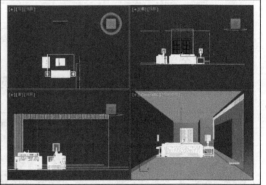

5 旋转沙发模型	**6 合并其他模型**
❶使用鼠标右键单击主工具栏中的"选择并旋转"按钮 ◐。 ❷在打开的"旋转变换输入"对话框中设置沿 Z 轴的旋转角度为 270°。	❶使用"合并"命令将其他模型合并到场景中，并适当调整各个模型的位置。 ❷适当调整摄影机的拍摄角度。

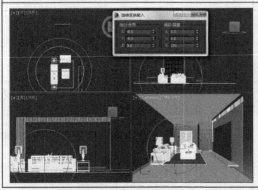 

2.3　编辑客厅材质

文件路径	案例效果
实例： 随书光盘\实例\第 2 章	
素材路径： 随书光盘\素材\第 2 章	
教学视频路径： 随书光盘\视频教学\第 2 章	

设计思路与流程

编辑墙面材质　　　　　　　　　编辑地面材质　　　　　　　　编辑电视墙材质

制作关键点

在本例的制作中，指定渲染器、选择材质类型、应用贴图和设置反射的制作是比较关键的地方。

- 指定渲染器　要应用 VR 材质，首先要指定 VR 对应的渲染器。可以在"渲染设置"对话框的"指定渲染器"展卷栏中进行设置。
- 选择材质类型　在默认的情况下，材质的类型通常为"标准"材质，可以在"材质编辑器"对话框中单击 Standard 按钮，在打开的"材质/贴图浏览器"对话框中选择需要的材质类型。
- 应用贴图　要制作墙纸、地砖等图像材质效果，就需要对材质的漫反射进行贴图，单击"漫反射"选项后面的■按钮，在打开的"材质/贴图浏览器"对话框中选择"贴图"选项并确定，即可在打开的"选择位图图像文件"对话框中指定贴图文件。
- 设置反射　设置反射可以增加材质的反射效果，金属、地砖等具有反射性的材质就需要设置反射效果。在标准材质类型中，可以通过设置"贴图"展卷栏中的"反射/折射"选项制作反射效果；在 VR 材质类型中，可以通过设置"反射"选项组中的"反射"颜色反射效果，反射颜色越浅，反射度越高。

2.3.1 启用 VR 材质编辑器

1 打开"渲染设置"对话框	2 选择渲染器
❶ 选择"渲染"|"渲染设置"命令，打开"渲染设置"对话框。 ❷展开"指定渲染器"展卷栏。	❶单击"产品级"选项后的"选择渲染器"按钮███。 ❷在打开的"选择渲染器"对话框中选择 V-Ray RT 2.40.03 选项。 ❸单击"确定"按钮。
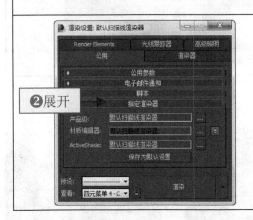	

2.3.2 编辑客厅墙面材质

1 命名材质	2 选择材质类型
❶ 选择"渲染"|"材质编辑器"|"精简材质编辑器"命令，打开"材质编辑器"对话框。 ❷选择一个未编辑的材质样本球。在"名称"文本框中将其命名为"墙体"。	❶单击"材质编辑器"对话框中的 Standard 按钮。 ❷在打开的"材质/贴图浏览器"对话框中选择"多维/子对象"选项，然后单击"确定"按钮。
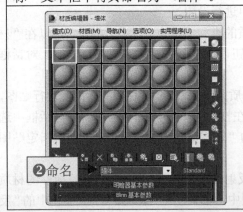	

　　专业提示：当场景中的对象很多时，为了方便查找和编辑模型的材质，通常需要为对应的材质进行命名。

3 丢弃旧材质	**4 设置材质数量**
❶在打开的"替换材质"对话框中选中"丢弃旧材质"选项并确定。 ❷在材质面板中单击"设置数量"按钮。	❶在打开的"设置材质数量"对话框中设置"材质数量"为 2 并确定。 ❷在材质面板中单击 ID 编号 1 右方的"无"按钮。
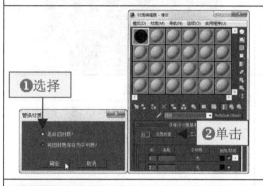	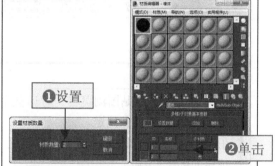
5 选择材质类型	**6 单击漫反射颜色图标**
❶在打开的"材质/贴图浏览器"对话框中展开 V-Ray 选项。 ❷选择 VRayMtl 选项，然后单击"确定"按钮。	在出现的 VRay 材质编辑面板中单击"漫反射"选项的颜色图标。
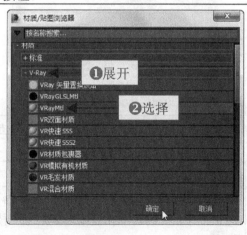	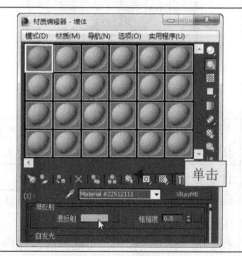
7 设置漫反射颜色	**8 编辑 ID 编号为 2 的材质**
❶在打开"颜色选择器：漫反射"对话框中设置颜色为淡黄色（红 255，绿 240，蓝 200）。 ❷单击"确定"按钮。	❶单击材质工具栏中的"转到父对象"按钮 。 ❷单击 ID 编号 2 右方的"无"按钮。

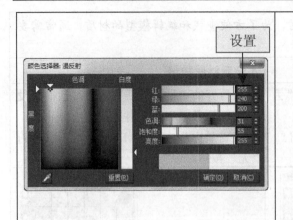

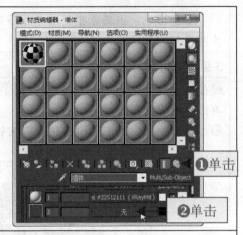

9 使用材质贴图	10 选择"位图"选项
❶在打开的"材质/贴图浏览器"对话框中选择 VRayMtl 选项并确定。 ❷在 VRay 材质编辑面板中单击"漫反射"选项后面的 ■ 按钮。	❶在打开的"材质/贴图浏览器"对话框中选择"位图"选项。 ❷单击"确定"按钮。

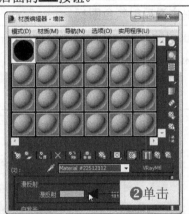

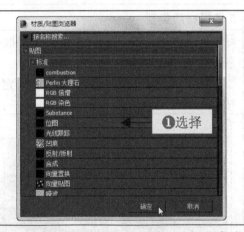

专业提示：在"材质/贴图浏览器"对话框中选择某种材质或贴图并确定，或者直接双击该材质或贴图，即可应用该对象。

11 选择贴图对象	12 为墙体指定材质
❶在打开的"选择位图图像文件"对话框中选择"壁纸 2.jpg"图像。 ❷单击"打开"按钮，将选择的图像作为材质漫反射贴图对象。	❶选中墙体模型，然后单击"材质编辑器"对话框中的"将材质指定给选定对象"按钮。 ❷单击"在视口中显示明暗处理材质"按钮，在场景中显示贴图效果。

专业提示：单击"在视口中显示明暗处理材质"按钮，可以在场景中显示或关闭贴图效果，但不影响最终的渲染效果。

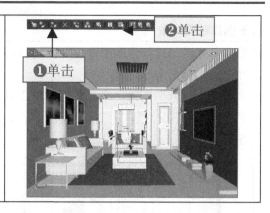

2.3.3　编辑客厅地面材质

1 设置下一个材质球	2 设置材质类型
❶在"材质编辑器"对话框中选择下一个材质球并命名为"地面"。 ❷单击 Standard 按钮。	在打开的"材质/贴图浏览器"对话框中选择 VRayMtl 选项并确定。

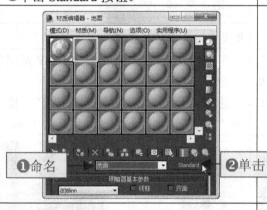

3 设置漫反射贴图	4 选择"位图"选项
❶在 VR 材质编辑面板中展开"基本参数"展卷栏。 ❷单击"漫反射"选项后面的■按钮。	在打开的"材质/贴图浏览器"对话框中选择"位图"选项并确定。

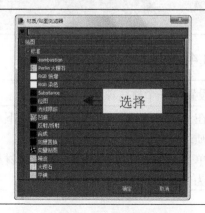

5 选择贴图对象	6 设置反射
❶在打开的"选择位图图像文件"对话框中选择"地砖.jpg"图像。 ❷单击"打开"按钮，然后单击材质工具栏中的"转到父对象"按钮  返回上级面板。	❶单击"反射"选项后的颜色图标。 ❷在打开的"颜色选择器：反射"对话框中设置反射的颜色为灰色（红、绿、蓝均为 60）。

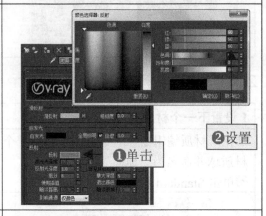

7 为地面指定材质	8 设置地面 UVW 贴图
选中地面模型，然后单击"材质编辑器"对话框中的"将材质指定给选定对象"按钮 和"在视口中显示明暗处理材质"按钮 。	❶在"修改器列表"中选择"UVW 贴图"命令。 ❷选择"长方体"贴图类型，设置"长度"和"宽度"为 600mm、"高度"为 1mm。

2.3.4　编辑电视墙材质

1 设置下一个材质球	2 设置材质贴图
❶在"材质编辑器"对话框中选择下一个材质球并命名为"金箔纸"。 ❷单击 Standard 按钮，然后设置该材质类型为 VRayMtl。	❶在 VR 材质面板中单击"漫反射"选项后的 按钮。 ❷在打开的"材质/贴图浏览器"对话框中选择"位图"选项并确定。

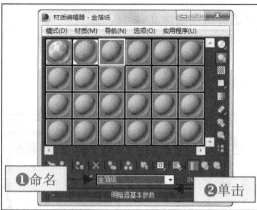

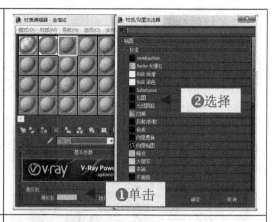

3 选择位图图像文件	**4 设置反射**
❶在打开的"选择位图图像文件"对话框中选择"金箔纸"图像。 ❷单击"打开"按钮。	❶单击"反射"选项后的颜色图标。 ❷在打开的"颜色选择器：反射"对话框中设置反射的颜色为灰色（红、绿、蓝均为 30）。

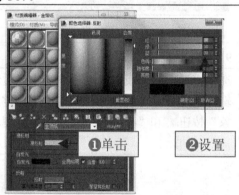

5 为电视墙造型指定材质	**6 设置下一个材质球**
选中电视墙中的造型模型，然后单击"材质编辑器"对话框中的"将材质指定给选定对象"按钮 和"在视口中显示明暗处理材质"按钮 。	❶在"材质编辑器"对话框中选择下一个材质球并命名为"电视墙纸"。 ❷单击 Standard 按钮，然后设置该材质类型为 VRayMtl。

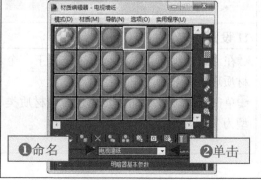

7 设置材质贴图	8 选择位图图像文件
❶在 VR 材质面板中单击"漫反射"选项后的■按钮。 ❷在打开的"材质/贴图浏览器"对话框中选择"位图"选项并确定。	❶在打开的"选择位图图像文件"对话框中选择"壁纸 1.jpg"图像。 ❷单击"打开"按钮。
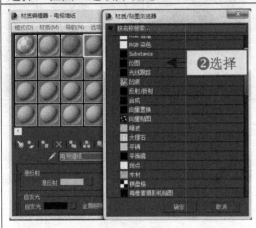	

9 为电视墙指定材质	10 设置电视墙 UVW 贴图
选中电视墙中的模型，然后单击"材质编辑器"对话框中的"将材质指定给选定对象"按钮▇和"在视口中显示明暗处理材质"按钮▇。	❶在"修改器列表"中选择"UVW 贴图"命令。 ❷选择"长方体"贴图类型，设置"长度"和"宽度"为 600mm、"高度"为 80mm。
 指定材质	

11 设置下一个材质球	12 设置材质贴图
❶在"材质编辑器"对话框中选择下一个材质球并命名为"电视台面"。 ❷单击 Standard 按钮，然后设置该材质类型为 VRayMtl。	❶在 VR 材质面板中单击"漫反射"选项后的■按钮。 ❷在"材质/贴图浏览器"对话框中选择"位图"选项，然后为材质指定"大理石"贴图。

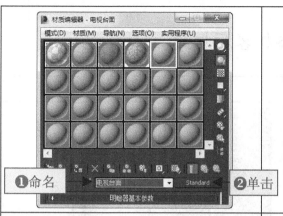

13 设置反射	**14 设置电视台面 UVW 贴图**
❶单击"反射"选项后的颜色图标。 ❷在打开的"颜色选择器：反射"对话框中设置反射的颜色为灰色（红、绿、蓝均为 30），然后将材质指定给电视台面。	❶在"修改器列表"中选择"UVW 贴图"命令。 ❷选择"长方体"贴图类型，设置"长度"和"宽度"为 400mm、"高度"为 60mm。

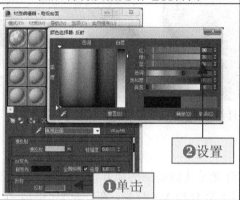

15 设置白色漆材质	**16 指定白色漆材质**
❶选择下一个材质球并命名为"白色漆"。 ❷在"Blinn 基本参数"展卷栏中单击漫反射颜色图标。 ❸设置漫反射颜色为白色。	选中电视墙波浪板和顶面模型，然后单击"材质编辑器"对话框中的"将材质指定给选定对象"按钮 指定材质。

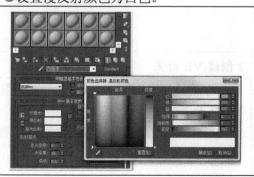

2.4　添加客厅灯光

文件路径	案例效果
实例： 随书光盘\实例\第2章	
素材路径： 随书光盘\素材\第2章	
教学视频路径： 随书光盘\视频教学\第2章	

设计思路与流程

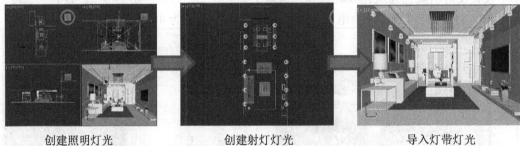

创建照明灯光　　　　　　　　　创建射灯灯光　　　　　　　　　导入灯带灯光

制作关键点

在本例的制作中，创建照明灯光和射灯灯光是比较关键的地方。

- 创建照明灯光　在本例中创建照明灯光要使用 VR 灯光。在灯光类型的下拉列表中选择 VRay 选项，然后单击"VR 灯光"按钮，在视图中创建一个 VR 灯光，对场景进行照明。
- 创建射灯灯光　在本例中创建射灯灯光要使用目标灯光。在灯光类型下拉列表中选择"光度学"选项，然后单击"目标灯光"按钮，在视图中创建一个目标灯光，然后指定光域网灯光素材。

2.4.1　创建客厅照明灯光

1 选择 VR 灯光	2 创建 VR 灯光
❶在"创建"命令面板中单击"灯光"按钮▣。 ❷单击灯光类型的下拉按钮，在弹出的下拉列表中选择 VRay 选项。 ❸在"灯光"面板中单击"VR 灯光"按钮。	❶在前视图中单击并拖动鼠标，创建一盏 VR 灯光。 ❷在左视图中对创建的 VR 灯光进行适当移动。

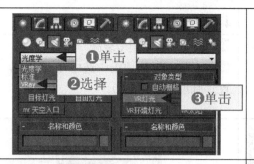

3 设置灯光参数	4 设置灯光选项
❶在"修改"命令面板中设置"强度"选项组中的"倍增器"为 3。 ❷单击颜色图标。 ❸设置灯光为白色（红、绿、蓝均为 255）。	❶将参数面板向上拖动。 ❷在"选项"选项组中选中"不可见"复选框。

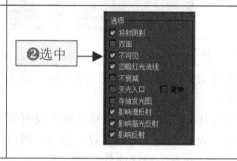

2.4.2　创建客厅射灯灯光

1 创建目标灯光	2 设置灯光阴影和类型
❶ 在灯光类型下拉列表中选择"光度学"选项，然后单击"目标灯光"按钮。 ❷在前视图中单击并拖动鼠标创建一个目标灯光，将其移到电视墙的射灯模型下。	❶选择"修改"命令面板，展开"常规参数"展卷栏，在"阴影"选项组中选中"启用"复选框。 ❷在"分光分布（类型）"下拉列表中选择"光度学 Web"选项。

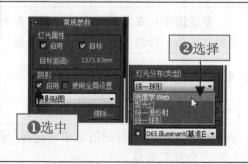

专业提示：在创建灯光的过程中，为了便于查看图形效果，可以先将其他的灯光和部分的模型隐藏。

3 选择灯光素材	4 设置灯光强度
❶在产生的"分布（光度学 Web）"展卷栏中单击"<选择光度学文件>"按钮。 ❷ 在打开的"打开光域 Web 文件"对话框中选择并打开"TOP1.IES"灯光素材。	❶展开"强度/颜色/衰减"展卷栏。 ❷在"强度"选项组中选中 lm 选项，设置"强度"值为 800。

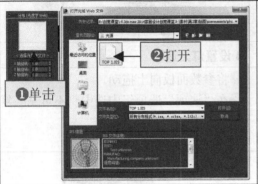 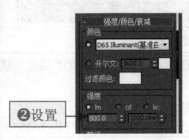

5 实例复制灯光	6 复制射灯光源
❶选择刚创建的灯光，按住 Shift 键并拖动灯光。 ❷在打开的"克隆选项"对话框中设置复制方式为"实例"、"副本数"为 3，然后将灯光分布在电视墙的各个射灯下。	继续复制射灯光源，设置复制方式为"实例"，然后将灯光分布在餐厅和客厅对应的各个射灯下。

 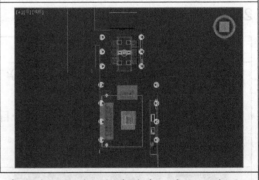

专业提示：在复制灯光时，在打开的"克隆选项"对话框中选中"实例"选项，复制灯光后，修改其中任一灯光的参数，其他的灯光属性会发生相应的变化。

2.4.3 导入灯带灯光

1 选择"灯带"文件	2 导入并分布灯带
❶单击程序图标，在弹出的菜单中选择"导入"	"合并"命令。 ❷在打开的"合并文件"对话框中选择并打开"灯带.max"文件。	❶在"合并"对话框左方的列表中选择所有的灯光并确定。 ❷在顶视图中将灯带灯光分布在客餐厅吊顶的灯槽内。

 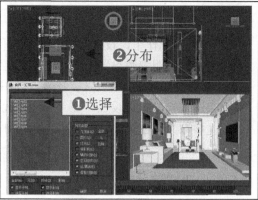

2.5　渲染客厅效果图

文件路径	案例效果
实例： 随书光盘\实例\第 2 章	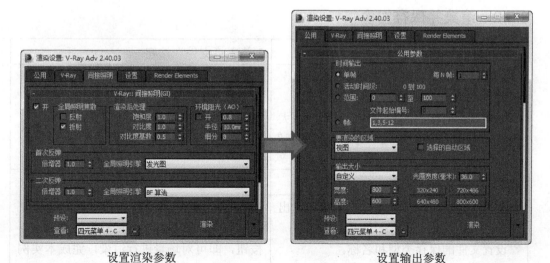
素材路径： 随书光盘\素材\第 2 章	
教学视频路径： 随书光盘\视频教学\第 2 章	

设计思路与流程

设置渲染参数　　　　　　　　　　　　设置输出参数

制作关键点

在本例的制作中，设置间接照明参数和图像输出参数是比较关键的地方。

- 间接照明参数设置　在"渲染设置"对话框中选择"间接照明"选项卡，展开"间接照明（GI）"展卷栏，然后对其中的选项进行设置。
- 图像输出参数设置　在"渲染设置"对话框中选择"公用"选项卡，展开"公用参数"展卷栏可以设置图像输出的大小。图像输出的大小应根据实际的要求进行设置。

2.5.1　设置渲染参数

1 设置间接照明参数	**2 设置光线计算参数**
❶选择"渲染"｜"渲染设置"命令，打开"渲染设置"对话框。 ❷选择"间接照明"选项卡，展开"间接照明（GI）"展卷栏。 ❸选中"开"复选框。	❶选择"设置"选项卡。 ❷展开"系统"展卷栏，设置"最大树形深度"为100、"面/级别系数"为2。
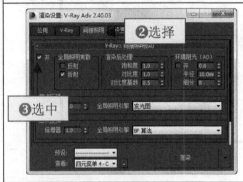	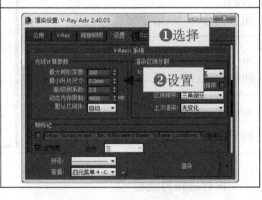

2.5.2　渲染并保存图像

1 设置输出大小	**2 单击"文件"按钮**
❶在"渲染设置"对话框中选择"公用"选项卡。 ❷展开"公用参数"展卷栏，在"输出大小"选项组中设置"宽度"为800、"高度"为600。	在"渲染设置"对话框中向下拖动滚动条，然后在"公用参数"展卷栏的"渲染输出"选项组中单击"文件"按钮。
3 设置图像保存路径	**4 渲染场景**
❶在"渲染输出文件"对话框中指定输出图像的位置。 ❷设置文件的保存类型和名称。 ❸单击"保存"按钮进行确定。	❶选择摄影机视图作为渲染对象。 ❷单击"渲染设置"对话框中的"渲染"按钮，即可对场景进行渲染，完成本实例的制作。

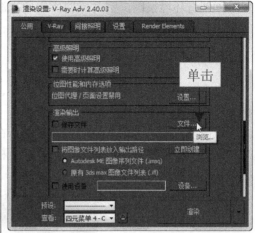
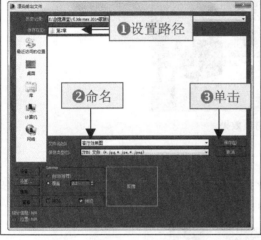

2.6　设计深度分析

　　家装效果图的制作属于家装设计的一部分，因此，进行家装效果图的制作，有必要对家装设计的基本知识有所了解。下面将介绍家装设计中需要掌握的几个要素。

1. 照明设计

　　在进行室内照明设计的过程中，不只是单纯地考虑室内如何布置灯光，首先要了解原建筑物所处的环境，考虑室内外的光线结合来进行室内照明的设计。对于室外光线长期处于较暗的照明，在设计过程中，应考虑在室内设计一些白天常用到的照明设施，对于室外环境光线较好的情况，重点应放在夜晚的照明设计上。

　　照明设计是室内设计非常重要的一环，如果没有光线，环境中的一切都无法显现出来。光不仅是视觉所需，而且还可以改变光源性质、位置、颜色和强度等指标来表现室内设计内容。在保证空间有足够照明的同时，光还可以深化表现力、调整和完善其艺术效果、创造环境氛围，室内照明所用的光源因光源的性能、灯具造型的不同而产生不同的光照效果。

2. 材料安排

室内环境空间界面的特征是由其材料、质感、色彩和光照条件等因素构成的，其中材料及质感起决定性作用。

室内外空间给人们的环境视觉印象，在很大程度上取决于各界面所选用的材料，及其表面肌理和质感。全面综合考虑不同材料的特征，巧妙地运用材质的特性，把材料应用得自然美丽，如下图所示。

玻璃材质效果

3. 色彩搭配

色彩的物理刺激可以对人的视觉生理产生影响，形成色彩的心理印象。在蓝色调环境中，人的情绪较为沉静；在红色调环境中，人的情绪容易兴奋冲动，如下图所示。

色彩搭配效果

在日常生活中，不同类型的人喜欢不同的色彩。室内色彩选择搭配，应符合屋主的心理感受，通常可以考虑以下几种色调搭配的方法。

● 轻快玲珑色调　中心色为黄色和橙色。地毯橙色，窗帘、床罩用黄白印花布，沙发、天花板用灰色调，加一些绿色植物衬托，气氛别致。
● 轻柔浪漫色调　中心色为柔和的粉红色。地毯、灯罩和窗帘用红色加白色调，家具白色，房间局部点缀淡蓝，有浪温气氛。

- 典雅靓丽色调 中心色为粉红色。沙发、灯罩用粉红色，窗帘、靠垫用粉红印花布，地板用淡茶色，墙壁用奶白色，此色调较适合年轻女性。
- 典雅优美色调 中心色为玫瑰色和淡紫色，地毯用浅玫瑰色，沙发用比地毯深一些的玫瑰色，窗帘可以选淡紫印花色，灯罩和灯杆用玫瑰色或紫色，放一些绿色的靠垫和盆栽植物点缀，墙和家具用灰白色，以取得雅致优美的效果。
- 华丽清新色调 中心色为酒红色、蓝色和金色，沙发用酒红色，地毯用暗土红色，墙面用明亮的米色，局部点缀金色（如镀金的壁灯），再加一些蓝色作为辅助，即可产生华丽清新格调。

4. 符合人体工程学

人体工程学是根据人的解剖学、心理学和生理学等特性，掌握并了解人的活动能力及其极限，使生产器具、工作环境和起居条件等与人体功能相适应的科学。在室内设计过程中，满足人体工程学可以设计出符合人体结构且使用效率高的用具，让使用者操作方便。设计者在建立空间模型的同时，要根据客观情况掌握人体的尺度、四肢活动的范围，使人体在进行某项操作时，能承受负荷及由此产生的生理和心理变化等，进行更有效的场景建模。

第 3 章　制作餐厅效果图

学习目标

在家庭生活中，餐厅也是一个重要的活动场所，布置好餐厅空间，既能创造一个舒适的就餐环境，还会使整个居室效果更美观。

在本章的学习中，将学习餐厅的表现方法。在绘制餐厅效果图之前，首先介绍餐厅的设计理念，通过理论结合实战对餐厅效果的制作进行详细讲解。

效果展示

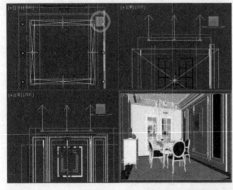

3.1　餐厅设计基础

餐厅的设计与装饰，除了要满足同居室整体设计相协调这一基本原则外，还应特别考虑餐厅的实用功能和美化效果。一般餐厅在陈设和设备上是具有共性的，那就是简单、便捷、卫生、舒适。

家居餐厅设计原则主要有如下几点。

- 餐厅和厨房最好毗邻或者接近，方便实用，如左下图所示。对于住房面积不是很大的居室，也可以将餐厅设在厨房、过厅或客厅内。
- 如果居室餐厅较小，可以在墙面上安装一定面积的镜面，以调节视觉，造成空间增大的效果。
- 餐桌是餐厅的主要家具，也是影响就餐气氛的关键因素之一。选择款式可以根据自己的喜好来确定，其大小应和空间比例相协调，餐厅用椅与餐桌有相配套的，也有单独购置组合的，两者皆可。其关键在造型、尺度以及坐感的舒适度上要考虑周全。
- 餐桌上的照明以吊灯为佳，也可以选择嵌在天花板上的射灯，或以地灯烘托气氛。不管选择哪一种灯光设备，都应该注意不可直接照射在用餐者的头部，否则既影响食欲，也不雅观。
- 餐厅家具宜选择调和的色彩，尤以天然木色、咖啡色、黑色等稳重的色彩为佳，尽量避免使用过于刺激的颜色。墙面的颜色应以明亮、轻快的颜色为主。
- 对于敞开式餐厅，在客厅与餐厅间放置屏风是实用与艺术兼具的做法，但须注意屏风格调与整体风格的协调统一。
- 如果具备条件，单独用一个空间作餐厅是最理想的，再布置上可以体现设计者或主人的喜好，风格明显，如右下图所示。
- 独立式餐厅，其门的形式、风格、色彩应与餐厅内部，乃至整个居室的风格一致；餐厅地板的形状、色彩、图案和材质则最好要同其他区域有所区别，以此表明功能的不同，区域的不同。
- 餐厅地板铺面材料，一般使用瓷砖、木板或大理石，容易清理，用地毯则容易沾上油腻污物。
- 餐厅墙面的装饰要注意体现个人风格，既要美观又要实用，切不可信手拈来，盲目堆砌色彩，并且要注意简洁、明快。

与厨房相邻的餐厅

独立的餐厅效果

3.2 绘制餐厅模型

文件路径	案例效果
实例： 随书光盘\实例\第 3 章	
素材路径： 随书光盘\素材\第 3 章	
教学视频路径： 随书光盘\视频教学\第 3 章	

设计思路与流程

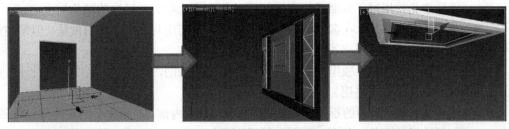

绘制餐厅基本框架　　　　　绘制墙体造型　　　　　绘制餐厅吊顶造型

制作关键点

在本例的制作中，餐厅基本框架、墙体造型和吊顶造型的制作是比较关键的地方。

- 餐厅基本框架　绘制基本框架时，可以绘制一个与餐厅大小相同的长方体，并设置好长方体的长、宽、高的段数。再为长方体添加"法线"修改器，并将其转换为可编辑网格，最后将地面和顶面分离出来。
- 墙体造型　绘制墙体造型时，可以导入立面造型素材，然后对图形进行挤出，再对挤出模型进行网格编辑。
- 吊顶造型　绘制吊顶造型时，可以使用放样操作来完成，首先绘制矩形作为放样路径，再绘制并修改吊顶的剖面图形作为放样截面。

3.2.1 绘制餐厅基本框架

1 设置单位比例	2 设置系统单位
❶选择"自定义"|"单位设置"命令，打开"单位设置"对话框。 ❷在"公制"下拉列表中选择"毫米"选项。	❶单击"系统单位设置"按钮。 ❷在打开的"系统单位设置"对话框中设置"1 单位=1.0 毫米"。 ❸单击"确定"按钮关闭对话框。

3　取消视图窗口中的栅格	**4　取消其他视图窗口中的栅格**
❶选择顶视图窗口。 ❷选择"工具"|"栅格和捕捉"|"显示主栅格"命令，即可取消该命令前的√标记。	使用同样的方法，依次取消其他视图窗口中的主栅格。

5　绘制长方体	**6　修改长方体参数**
❶在"创建"面板中单击"长方体"按钮。 ❷在顶视图中拖动鼠标创建一个长方体。	❶选择"修改"命令面板，将长方体命名为"框架"。 ❷修改长方体的长、宽、高参数和分段参数。

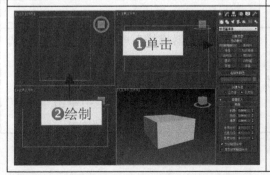

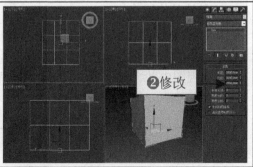

7 创建摄影机	**8 翻转法线**
❶在视图中创建一个摄影机。 ❷在"修改"命令面板中设置镜头 28mm。 ❸将透视图转换为摄影机视图。	❶选择创建的长方体。在"修改器列表"中选择"法线"命令。 ❷在"参数"展卷栏中选中"翻转法线"复选框。
	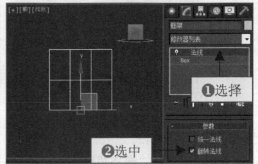
9 删除长方体的面	**10 绘制参照长方体**
❶将长方体转换为可编辑的多边形。 ❷在摄影机视图中正前方的 6 个面将其删除。	❶在前视图中绘制一个长方体。 ❷在"修改"命令面板中设置长方体的长与宽。
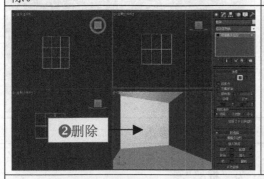	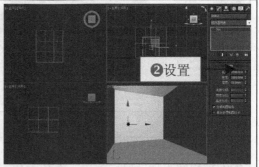

　　专业提示：这里绘制的参照长方体，是方便后面在调整厨房门洞的大小作为参照对象使用的，在调整好厨房门洞后，需要将其删除。

11 调整边的位置	**12 挤出多边形元素**
❶选中前面绘制的框架对象。 ❷在"修改器堆栈"中选择"边"选项。 ❸在前视图中以绘制的长方体为参照，调整框架的边。	❶在"修改器堆栈"中选择"多边形"选项。 ❷在前视图中选择中间的面。 ❸在"编辑多边形"展卷栏中单击"挤出"按钮，设置挤出的值为–200mm。

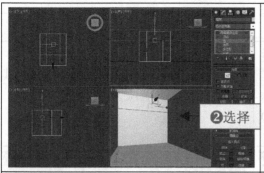 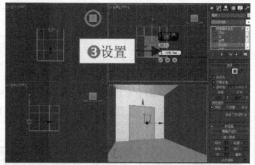

13 删除面	**14 分离地面**
❶在前视图中选择中间的多边形。 ❷将选择的多边形删除。	❶选中框架下方的 10 个多边形。 ❷在"编辑几何体"展卷栏中单击"分离"按钮。

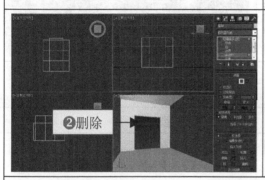 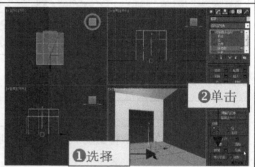

　　专业提示：这里分离地面是为了方便后面对模型进行材质编辑。用户也可以在不分离地面的情况下，使用"多维/子材质"功能分别编辑模型各个元素的材质。

15 命名分离对象	**16 调整地面的边**
❶在打开的"分离"对话框中将分离对象命名为"地面"。 ❷单击"确定"按钮。 ❸使用同样的操作将顶面模型分离出来。	❶选择分离后的地面。 ❷在"修改器堆栈"中选择"边"选项。 ❸在顶视图中将地面中间的几条边适当向外移动。

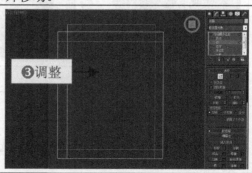

17 设置地面的材质 ID	**18 设置地面边线的材质 ID**
❶隐藏地面以外的所有对象，然后在"修改器堆栈"中选择"多边形"选项。 ❷在顶视图中选择中间的多边形。 ❸在"多边形：材质 ID"展卷栏中设置 ID 为 2。	❶选择"编辑" | "反选"命令。 ❷在"多边形：材质 ID"展卷栏中设置其他多边形的 ID 为 1。
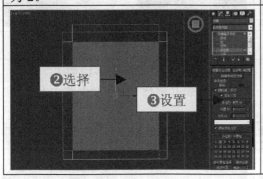	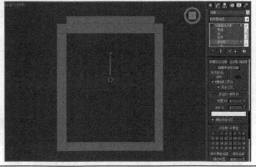

3.2.2 绘制墙体造型

1 合并厨房门模型	**2 导入立面造型**
❶使用"合并"命令将厨房门模型合并到场景中。 ❷将厨房门移动到相应的门洞内。	❶隐藏所有的模型。 ❷使用"导入"命令将"立面造型.dwg"素材导入到场景中。
	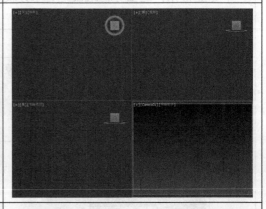
3 复制并修改图形	**4 挤出图形**
❶将导入的图形复制一次，并隐藏其中一个图形。 ❷在"修改器堆栈"中选择"样条线"选项。 ❸删除多余的样条线。	❶在"修改器列表"中选择"挤出"命令。 ❷在"参数"展卷栏中设置挤出的数量为 20mm。

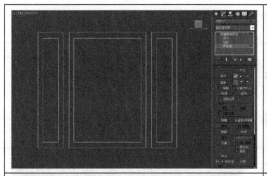

5 修改另一个图形	6 挤出图形
❶显示复制的另一个图形。 ❷在"修改器堆栈"中选择"样条线"选项。 ❸删除多余的样条线。	❶在"修改器列表"中选择"挤出"命令。 ❷在"参数"展卷栏中设置挤出的数量为30mm。

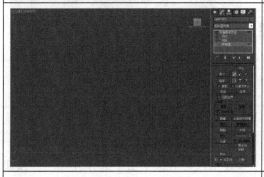 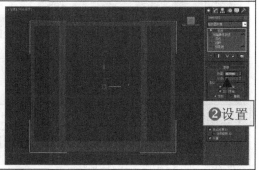

7 挤出多边形元素	8 附加网格对象
❶将挤出后的模型转换为可编辑网格。 ❷在"修改器堆栈"中选择"多边形"选项。 ❸选择图形中两条细长的多边形，在"编辑几何体"展卷栏中设置挤出的数量为−10mm。	❶显示另一个挤出模型。 ❷选择转换为网格的模型，在"编辑几何体"展卷栏中单击"附加"按钮，然后单击另一个挤出模型，将两个模型附加在一起。

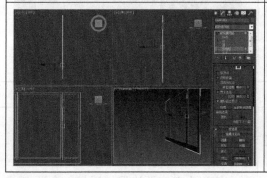 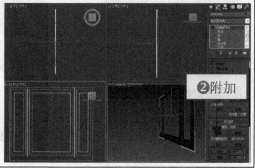

9 绘制长方体	10 合并镜子和装饰画模型
❶在左视图中绘制一个长方体。 ❷在"修改"命令面板中设置长方体的参数。 ❸在顶视图中将长方体移动到立面造型的中间。	❶使用"合并"命令将镜子和装饰画模型合并到场景中。 ❷适当调整镜子和装饰画模型的位置。
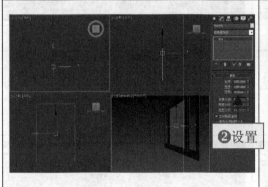	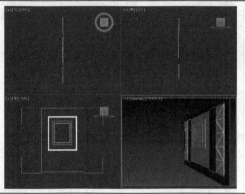

3.2.3　绘制餐厅吊顶造型

1 绘制矩形	2 向上移动矩形
❶隐藏所有的模型，然后在顶视图中使用"矩形"命令绘制一个矩形。 ❷在"修改"命令面板中设置矩形的长度和宽度。	❶选择绘制的矩形。 ❷使用鼠标右键单击"选择并移动"按钮 ❖。 ❸在"移动变换输入"对话框中设置 Z 轴偏移值为 2720mm。
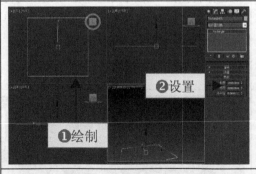	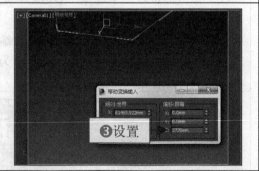
3 绘制小矩形	4 添加顶点
❶在前视图中绘制一个小矩形。 ❷在"修改"命令面板中设置矩形的长度和宽度。	❶将矩形转换为可编辑样条线。 ❷在"修改器堆栈"中选择"顶点"选项。 ❸单击"插入"按钮。 ❹在矩形上单击两次鼠标添加一个顶点。

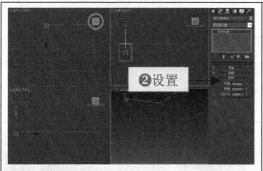

5 修改矩形的形状	6 添加并设置顶点类型
❶选择并向右移动左上方的顶点。 ❷选择并适当移动添加的顶点。	❶在矩形的右方添加 3 个顶点。 ❷选择右方的顶点并单击鼠标右键，在弹出的菜单中选择"Bezier 角点"命令。

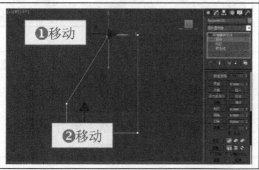

专业提示："Bezier 角点"类型的顶点两边显示两个绿色手柄，拖动其中一个手柄，只改变相应手柄方向线段曲率，另一个手柄保持不变。

7 调整顶点杠杆手柄	8 选择"复合对象"类型
选择并适当移动顶点的杠杆手柄，对图形的形状进行调整，以此作为后面放样的截面图形。	❶选中前面绘制的矩形。 ❷在"几何体"命令面板中单击类型下拉列表框。 ❸在弹出的下拉列表中选择"复合对象"选项。

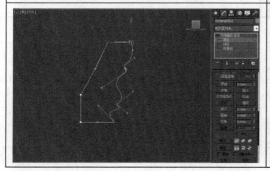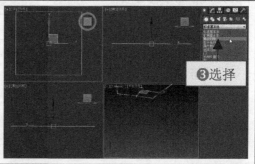

9 放样操作	**10 放样结果**
❶在"复合对象"命令面板中单击"放样"按钮。 ❷单击"获取图形"按钮。 ❸在前视图中单击放样截面图形。	选择放样截面图形后，得到的放样效果。
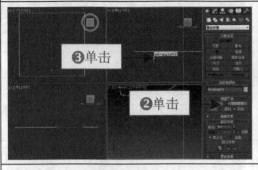	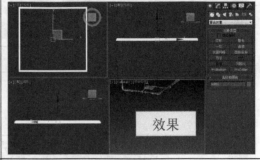
11 创建另一个放样模型	**12 创建并编辑矩形**
❶绘制一个矩形和一个放样截面图形。 ❷使用前面相同的方法，创建另一个放样模型作为吊顶对象。	❶在顶视图中绘制一个长为 2800mm、宽为 2900mm 的矩形。 ❷将矩形转换为可编辑样条线。 ❸依次为矩形添加"轮廓"值为 180mm、300mm、365mm 的轮廓线。
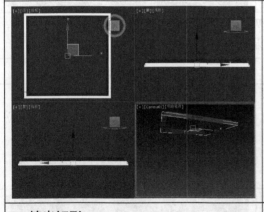	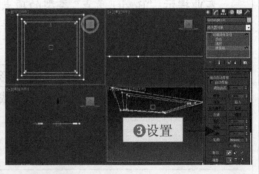
13 挤出矩形	**14 编辑模型**
❶在"修改器列表"中选择"挤出"命令。 ❷设置挤出的参数为 80mm。 ❸将挤出模型向上移动 2800mm。	❶将挤出后的模型转换为可编辑网格。 ❷在"修改堆栈"中选择"多边形"选项，然后选择模型最里面一环的面。 ❸在"编辑几何体"展卷栏中设置"挤出"值为 −50mm。

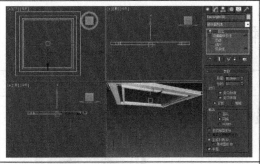

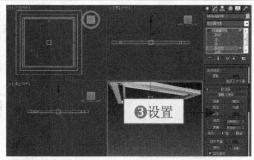

15 绘制并编辑矩形

❶在顶视图中绘制一个长为 2440mm、宽为 2550mm 的矩形。

❷将矩形转换为可编辑样条线。

❸为矩形添加轮廓值为 120mm 的轮廓线。

16 挤出矩形

❶在"修改器列表"中选择"挤出"命令。

❷设置挤出的参数为 15mm。

❸将挤出模型向上移动到吊顶模型内。

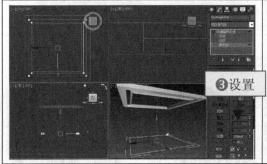

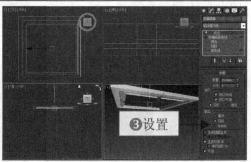

17 绘制并挤出矩形

❶在顶视图中绘制一个长为 2800mm、宽为 2900mm 的矩形。

❷为矩形添加轮廓值为 400mm 的轮廓线。

❸将修改的矩形挤出 70mm，并将其向上移动。

18 合并其他模型

❶显示场景中的所有模型。

❷使用"合并"命令将餐桌、柜子、灯具和厨房背景模型合并到场景中。

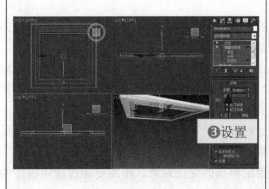

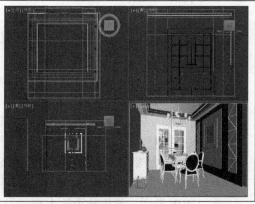

3.3　编辑餐厅材质

文件路径	案例效果
实例： 随书光盘\实例\第 3 章	
素材路径： 随书光盘\素材\第 3 章	
教学视频路径： 随书光盘\视频教学\第 3 章	

设计思路与流程

编辑乳胶漆材质　　　　　　　　编辑地面材质　　　　　　　　编辑镜面材质

制作关键点

在本例的材质编辑中，乳胶漆材质、地面材质、镜面材质和墙纸材质的制作是比较关键的地方。

- 乳胶漆材质　首先要指定 VR 对应的渲染器，然后选择一个未编辑的材质球，并将该材质球设置为 VR 材质类型，最后设置材质的颜色。
- 地面材质　地面主要包括地砖和地面边线材质。在编辑地面材质时，首先要对地面模型进行 ID 材质设置，再使用"多维/子对象"材质，分别指定材质的贴图和材质的反射，最后还需要指定模型的 UVW 贴图。
- 镜面材质　编辑镜面材质时，主要是对漫反射和反射进行设置，镜面材质的漫反射颜色应该设置为黑色，反射应该根据镜面的反射效果设置为浅色或白色。
- 墙纸材质　编辑墙纸材质时，需要指定材质的贴图对象，还需要通过应用模型的 UVW 贴图，设置贴图的大小。

3.3.1　编辑乳胶漆材质

1 打开"渲染设置"对话框	2 选择渲染器
❶选择"渲染"|"渲染设置"命令，打开"渲染设置"对话框。 ❷展开"指定渲染器"展卷栏。	❶单击"产品级"选项后的"选择渲染器"按钮■。 ❷在打开的"选择渲染器"对话框中选择V-Ray RT 2.40.03 选项并确定。
	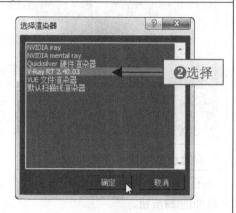
3 选择顶面材质类型	4 设置材质漫反射颜色
❶选择"渲染"|"材质编辑器"|"精简材质编辑器"命令，打开"材质编辑器"对话框。 ❷选择一个未编辑的材质样本球，单击Standard 按钮。 ❸在打开的"材质/贴图浏览器"对话框中选择 VRayMtl 选项，然后单击"确定"按钮。	❶在 VRayMtl 材质面板中展开"基本参数"展卷栏，单击"漫反射"选项右方的颜色块。 ❷在打开的"颜色选择器：漫反射"对话框中设置漫反射的颜色为白色，然后单击"确定"按钮。 ❸在场景中选择顶面和吊顶模型，然后将编辑好的白色乳胶漆材质指定给顶面和吊顶模型。
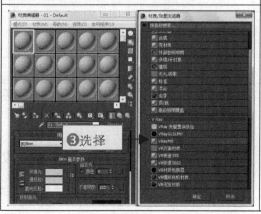	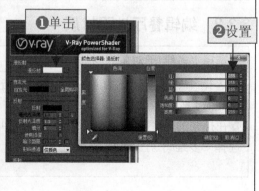

5 设置下一个材质类型	6 设置材质漫反射颜色
❶选择下一个未编辑的材质样本球，单击 Standard 按钮。 ❷在打开的"材质/贴图浏览器"对话框中选择 VRayMtl 选项，然后单击 "确定" 按钮。	❶在"基本参数"展卷栏中单击"漫反射"选项右方的颜色块。 ❷在打开的"颜色选择器：漫反射"对话框中设置漫反射的颜色为淡黄色，然后单击"确定"按钮。

7 设置反射贴图	8 指定材质
❶在"反射"选项组中单击"反射"选项后面的██按钮。 ❷在"材质/贴图浏览器"对话框中选择"衰减"选项并确定。	在场景中选择框架墙体模型，然后将编辑好的淡黄色乳胶漆材质指定给墙体模型。

3.3.2 编辑餐厅地面材质

1 选择"多维/子对象"材质	2 丢弃旧材质
❶选择一个未编辑的材质样本球，单击 Standard 按钮。 ❷在打开的"材质/贴图浏览器"对话框中选择"多维/子对象"选项并确定。	❶在打开的"替换材质"对话框中选中"丢弃旧材质"选项并确定。 ❷在材质面板中单击"设置数量"按钮。 ❸在打开的"设置材质数量"对话框中设置"材质数量"为 2 并确定。

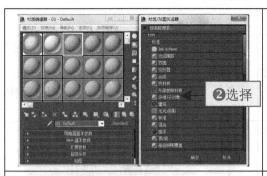
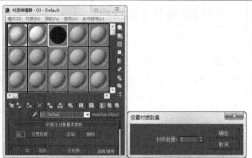

3 设置 ID 编号 1 的材质类型	**4 设置漫反射贴图**
❶在材质面板中单击 ID 编号 1 右方的"无"按钮。 ❷在"材质/贴图浏览器"对话框中选择 VRayMtl 选项并确定。	❶在 VRay 材质编辑面板中单击"漫反射"选项后面的 ■ 按钮。 ❷在打开的"材质/贴图浏览器"对话框中选择"位图"选项并确定。

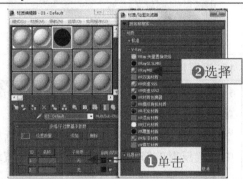

5 选择贴图对象	**6 设置反射参数**
❶在打开的"选择位图图像文件"对话框中选择"边线"图像。 ❷单击"打开"按钮，将选择的图像作为材质漫反射贴图对象。	❶单击工具栏中的"转到父对象"按钮 ，单击"反射"选项后的颜色图标。 ❷在打开的"颜色选择器：反射"对话框中设置反射的颜色为灰色（红、绿、蓝均为 25）。

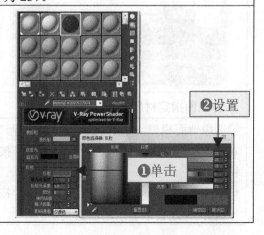

7 编辑 ID 编号 2 的材质	8 设置漫反射贴图
❶单击"转到父对象"按钮![],再单击 ID 编号 2 右方的"无"按钮。 ❷在"材质/贴图浏览器"对话框中选择 VRayMtl 选项并确定。	❶在 VRay 材质编辑面板中单击"漫反射"选项后面的![]按钮。 ❷在打开的"材质/贴图浏览器"对话框中选择"位图"选项并确定。

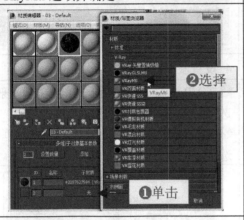

9 选择贴图对象	10 设置反射参数
❶在打开的"选择位图图像文件"对话框中选择"地砖.jpg"图像。 ❷单击"打开"按钮,将选择的图像作为材质漫反射贴图对象。	❶单击工具栏中的"转到父对象"按钮![],单击"反射"选项后的颜色图标。 ❷在打开的"颜色选择器:反射"对话框中设置反射的颜色为灰色(红、绿、蓝均为 30)。

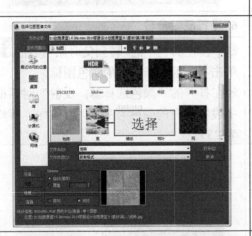

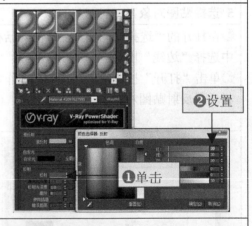

11 为地面指定材质	12 设置地面 UVW 贴图
❶选中地面模型,然后单击"材质编辑器"对话框中的"将材质指定给选定对象"按钮![]。 ❷单击"在视口中显示明暗处理材质"按钮![],在场景中显示贴图效果。	❶在"修改器列表"中选择"UVW 贴图"命令。 ❷选择"长方体"贴图类型,设置"长度"和"宽度"为 1200mm。

3.3.3　编辑餐厅镜面材质

1 设置材质球漫反射	2 设置材质反射
❶选择材质球并命名为"镜子"，设置该材质类型为 VRayMtl。 ❷单击"漫反射"选项后的颜色图标，设置漫反射颜色为黑色。	❶单击"反射"选项后的颜色图标。 ❷设置反射颜色为白色。 ❸将编辑好的镜面材质指定给造型墙两方的镜面模型。

3 设置材质球漫反射	4 设置材质反射
❶选择下一个材质球并命名为"金属镜面"，设置该材质类型为 VRayMtl。 ❷单击"漫反射"选项后的颜色图标，设置漫反射颜色为深黑色。	❶单击"反射"选项后的颜色图标。 ❷设置漫反射颜色为深灰色。 ❸将编辑好的镜面材质指定给吊顶中的黑色金属模型。

3.3.4 编辑餐厅墙纸材质

1 设置材质球	2 设置贴图类型
❶选择一个材质球并命名为"墙纸",设置该材质类型为 VRayMtl。 ❷在 VR 材质面板中单击"漫反射"选项后的█按钮。	❶在"材质/贴图浏览器"对话框中选择"位图"选项。 ❷单击"确定"按钮选择位图作为漫反射的贴图类型。
	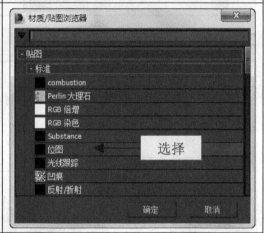
3 设置贴图对象	**4 设置墙纸 UVW 贴图**
❶在打开的"选择位图图像文件"对话框中选择"墙纸"图形文件。 ❷单击"打开"按钮选择该图形作为漫反射的贴图。 ❸将编辑好的墙纸材质指定给造型墙中间的长方体模型。	❶选择墙纸模型,在"修改器列表"中选择"UVW 贴图"命令。 ❷选择"长方体"贴图类型,设置"长度"和"宽度"为 1200mm、"高度"为 10mm。
	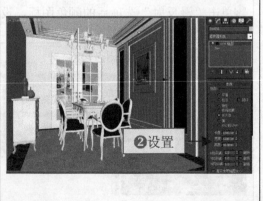

3.4　添加餐厅灯光

文件路径	案例效果
实例： 随书光盘\实例\第 3 章 素材路径： 随书光盘\素材\第 3 章 教学视频路径： 随书光盘\视频教学\第 3 章	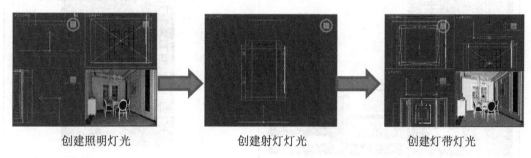

设计思路与流程

创建照明灯光　　　　　　创建射灯灯光　　　　　　创建灯带灯光

制作关键点

在本例的制作中，创建射灯灯光和灯带灯光是比较关键的地方。

● 创建射灯灯光　创建射灯灯光要使用目标灯光。在灯光类型下拉列表中选择"光度学"选项，然后单击"目标灯光"按钮，在视图中创建一个目标灯光，然后指定光域网灯光素材。

● 创建灯带灯光　创建灯带灯光要使用 VR 灯光，创建该灯光时，要注意灯光的照射方向，并且要设置灯光的长、宽值。

3.4.1　创建餐厅照明灯光

1 选择 VR 灯光	2 创建 VR 灯光
❶在"创建"命令面板中单击"灯光"按钮 。 ❷单击灯光类型的下拉按钮，在弹出的下拉列表中选择 VRay 选项。 ❸在"灯光"面板中单击"VR 灯光"按钮。	❶在前视图中单击并拖动鼠标，创建一盏 VR 灯光。 ❷在左视图中对创建的 VR 灯光进行适当移动。

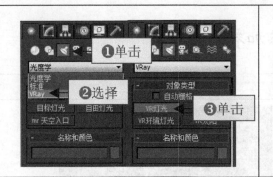

3 设置灯光参数	4 设置灯光选项
❶在"修改"命令面板中设置"强度"选项组中的"倍增器"为3.5。 ❷单击颜色图标。 ❸设置灯光为白色（红、绿、蓝均为255）。	❶将"参数"面板向上拖动。 ❷在"选项"选项组中选中"不可见"复选框。

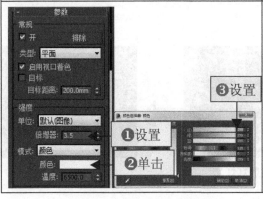

3.4.2　创建餐厅射灯灯光

1 创建目标灯光	2 设置灯光阴影和类型
❶在灯光类型下拉列表中选择"光度学"选项，然后单击"目标灯光"按钮。 ❷在前视图中单击并拖动鼠标创建一个目标灯光，并将其移动到射灯模型下方。	❶选择"修改"命令面板，展开"常规参数"展卷栏，在"阴影"选项组中选中"启用"复选框。 ❷在"分光分布（类型）"下拉列表中选择"光度学 Web"选项。

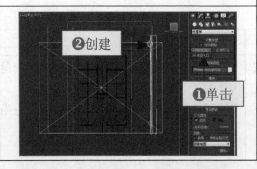

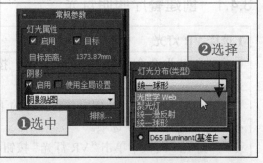

3 选择灯光素材	4 设置灯光强度
❶在产生的"分布（光度学 Web）"展卷栏中单击"<选择光度学文件>"按钮。 ❷ 在打开的"打开光域 Web 文件"对话框中选择并打开"7.IES"灯光素材。	❶展开"强度/颜色/衰减"展卷栏。 ❷在"强度"选项组中选中 lm 选项，设置"强度"值为 2500。
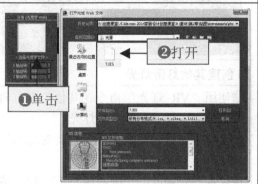	
5 实例复制灯光	6 复制射灯光源
❶选择刚创建的灯光，按住 Shift 键并拖动灯光。 ❷在打开的"克隆选项"对话框中设置复制方式为"实例"、副本数为 2，然后将灯光分布在右方的各个射灯下。	❶选择右方的 3 个目标灯光，然后对其复制一次，设置复制方式为"实例"， ❷将复制得到的灯光分布在餐厅左方对应的射灯模型下。
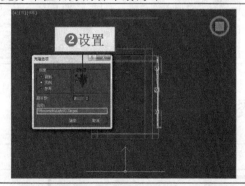	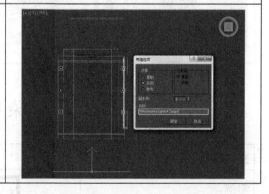

3.4.3 创建餐厅灯带

1 创建 VR 灯光	2 设置灯光参数
❶将顶视图转换为底视图，然后选择 VRay 灯光类型，然后单击命令面板中的"VR 灯光"按钮。 ❷在底视图中的吊顶模型处单击并拖动鼠标创建一个 VR 灯光。	❶将灯光向上移动到吊顶的灯槽内。展开"参数"展卷栏，设置"强度"选项组中的"倍增器"值为 3.5。 ❷设置"大小"选项组中的"1/2 长"的值为 80mm、"1/2 宽"的值为 1930mm。

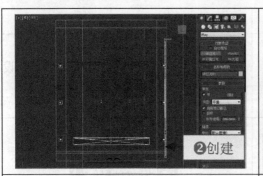
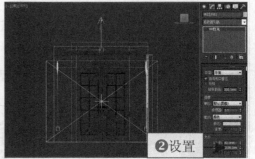

3 设置灯光选项和颜色	4 创建其他灯带灯光
❶在"参数"展卷栏下方选中"选项"选项组中的"不可见"选项。 ❷单击颜色图标，在打开的"颜色选择器"对话框中设置颜色为黄色。	❶使用"VR 灯光"命令在其他三个方向的灯槽处各创建一盏 VR 灯光。 ❷在前视图中将灯光向上移动到对应的灯槽内。 ❸设置灯光强度的"倍增器"值为 3.5，然后适当调整各个灯光的大小。

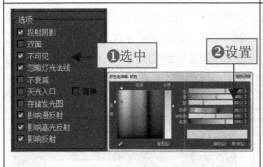
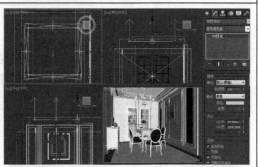

3.5 渲染餐厅效果图

文件路径	案例效果
实例： 随书光盘\实例\第 3 章	
素材路径： 随书光盘\素材\第 3 章	
教学视频路径： 随书光盘\视频教学\第 3 章	

设计思路与流程

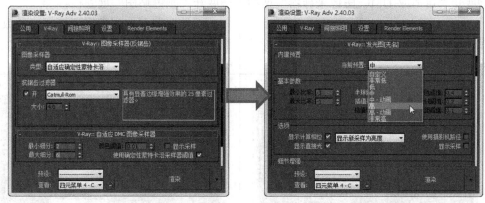

设置 V-Ray 参数　　　　　　　　　　　设置间接照明

制作关键点

在本例的制作中，设置图像采样器和间接照明参数是比较关键的地方。

● 图像采样器设置　在"渲染设置"对话框中选择 V-Ray 选项卡，需要设置图像采样器、抗锯齿和颜色贴图等参数。

● 间接照明设置　在"渲染设置"对话框中选择"间接照明"选项卡，需要设置发光图、灯光缓存和焦散等参数。

3.5.1　设置图像采样器

1 选择图像采样器	2 设置抗锯齿参数
❶选择"渲染"|"渲染设置"命令，打开"渲染设置"对话框。 ❷选择 V-Ray 选项卡。 ❸展开"图像采样器（反锯齿）"展卷栏。在"类型"下拉列表中选择"自适应确定性蒙特卡洛"选项。	❶在"抗锯齿过滤器"选项组中选中"开"复选框。 ❷单击"区域"下拉列表框，然后选择 Catmull-Rom 选项。

3 设置细分值	**4 设置颜色贴图**
❶展开"自适应 DMC 图像采样器"展卷栏。 ❷设置"最小细分"值为 2、"最大细分"值为 6。	❶展开"颜色贴图"展卷栏。 ❷在"类型"下拉列表框中选择"指数"选项。 ❸设置"亮度倍增"值为 0.9。
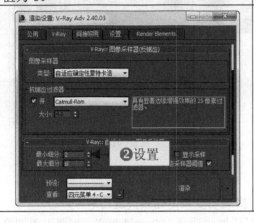	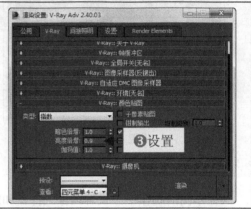

3.5.2　设置间接照明

1 选中"开"复选框	**2 设置发光图**
❶选择"间接照明"选项卡。 ❷展开"间接照明(GI)"展卷栏,选中"开"复选框。 ❸在"二次反弹"选项组中设置"全局照明引擎"为"灯光缓存"。	❶展开"发光图[无名]"展卷栏。 ❷单击"当前预置"下拉列表框,然后选择"高"选项。
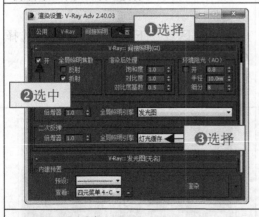	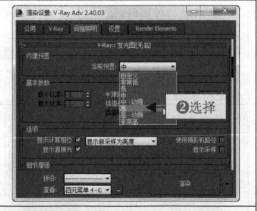
3 设置灯光缓存	**4 设置焦散**
❶展开"灯光缓存"展卷栏。 ❷在"计算参数"选项组中设置"细分"值为 2000、"采样大小"为 0.02。	❶展开"焦散"展卷栏。 ❷选中"开"复选框,设置"最大光子"值为 60。

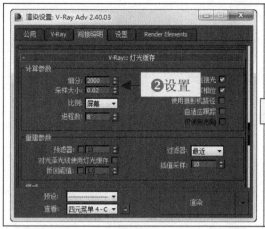 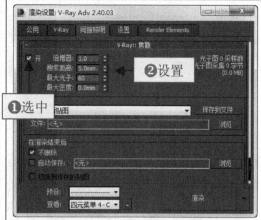

3.5.3　渲染场景图像

1 设置输出大小	**2 单击"文件"按钮**
❶在"渲染设置"对话框中选择"公用"选项卡。 ❷展开"公用参数"展卷栏，在"输出大小"选项组中设置"宽度"为 800、"高度"为 600。	❶在"渲染设置"对话框中向下拖动滚动条。 ❷在"公用参数"展卷栏的"渲染输出"选项组中单击"文件"按钮。
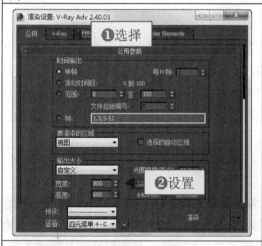	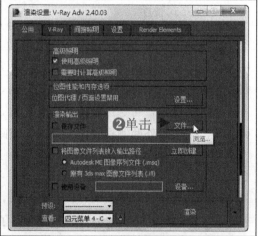
3 设置图像保存路径	**4 渲染场景**
❶在"渲染输出文件"对话框中指定输出图像的位置。 ❷设置文件的保存类型和名称。 ❸单击"保存"按钮进行确定。	❶选择摄影机视图作为渲染对象。 ❷单击"渲染设置"对话框中的"渲染"按钮，即可对场景进行渲染，完成本实例的制作。

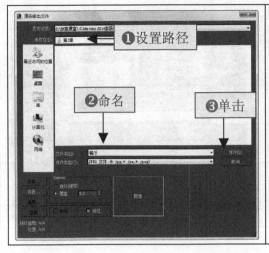 

3.6 设计深度分析

在餐厅设计中,房间面积太小、餐厅空间不规则等都不是问题,空间不在于大小,关键是要充分利用,首先要在餐厅的结构上掌握好整体格局。餐厅可以有如下几种空间布置。

1. 独立式餐厅

通常认为独立式餐厅是最理想的格局。居家餐厅的要求是便捷卫生、安静舒适,照明应集中在餐桌上面,光线柔和,色彩应素雅,墙壁上可适当挂些风景画、装饰画等,餐厅位置应靠近厨房。需要注意餐桌、椅、柜的摆放与布置须与餐厅的空间相结合,如方形和圆形餐厅,可选用圆形或方形餐桌,居中放置;狭长的餐厅可在靠墙一方摆放一张餐桌,桌子另外两侧摆上椅子,这样空间会显得大一些。

2. 通透式餐厅

与客厅连在一起的餐厨空间切忌杂乱,为了不使餐厨空间破坏整个大空间的清新感,橱柜、吊柜、隔板等收纳工具的安排起到了关键性作用。除了在吧台上摆放好看的餐布、常用的咖啡壶和作为装饰的花瓶,通过利用柜子的收纳功能,使餐厨空间几乎找不到任何凌乱的感觉。

所谓"通透",是指厨房与餐厅合并。这种情况就餐时上菜快速简便,能充分利用空间,较为实用。只是需要注意不能使厨房的烹饪活动受到干扰,也不能破坏进餐的气氛。最好要尽量使厨房和餐厅有自然的隔断或使餐桌布置远离厨具,餐桌上方的照明灯具应该突出一种隐形的分隔感。

3. 共用式餐厅

很多小户型住房都采用客厅或门厅兼做餐厅的形式，在这种格局下，餐区的位置以邻接厨房并靠近客厅最为适当，它可以缩短膳食供应和就座进餐的走动线路，同时也可避免菜汤、食物弄脏地板。这种布局需要注意与客厅在格调上保持协调统一，且不妨碍通行。

第 4 章 制作书房效果图

学习目标

书房又称家庭工作室，是作为阅读、书写及业余学习、研究、工作的空间。特别是从事文教、科技、艺术工作者必备的活动空间。在传统上，书房是专门供人读书学习的地方，而在现代，书房不仅仅是读书学习的地方，还成了自由职业者的理想工作室、电脑迷的网络空间等。

在本章的学习中，将学习书房的表现方法。在绘制书房效果图之前，首先介绍书房的设计理念，通过理论结合实战对书房效果的制作进行详细讲解。

效果展示

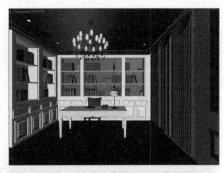

4.1 书房设计基础

书房是人们思考、阅读、工作、会谈的综合场所。书房内要相对独立地划分出书写、电脑操作、藏书及小憩的区域，以保证书房的功能性，同时注意营造书香与艺术氛围。

在进行书房的设计中，要注意以下几点。

1. 通风好

书房里越来越多的电子设备，需要良好的通风环境，一般不宜安置在密不透风的房间内。门窗应能保障空气对流畅顺，其风速的标准可控制在每秒 1 米左右，有利于机器散热。

2. 温度适宜

因为书房里有电脑和书籍，故而房间的温度最好控制在 0～30℃之间。

3. 电脑摆放禁忌

电脑摆放的位置有三忌：一忌摆在阳光直接照射的窗口；二忌摆在空调器散热口下方；三忌摆在暖气散热片或取暖器附近。

4. 采光要有讲究

书房的采光可以采用直接照明或半直接照明方式，光线最好从左肩上端照射，或在书桌前方放置高度较高又不刺眼的台灯。专用书房的台灯，宜采用艺术台灯，如旋臂式台灯或调光艺术台灯，使光线直接照射在书桌上。

一般不需全面用光，为检索方便可在书柜上设隐形灯。若是一室多用的"书房"，宜用半封闭、不透明金属工作台灯，便于将光集中投到桌面上，既满足作业平面的需要，又不影响室内其他活动。若是在座椅、沙发上阅读，最好采用可调节方向和高度的落地灯，如左下图所示。

5. 色彩要柔和

书房色彩既不要过于耀目，又不宜过于昏暗，而应当取柔和色调的色彩装饰。在书房内养殖两盆诸如万年青、君子兰、文竹、吊兰之类的植物，则更赏心悦目，如右下图所示。

采用落地灯

室内添加植物

4.2 绘制书房模型

文件路径	案例效果
实例: 随书光盘\实例\第4章 素材路径: 随书光盘\素材\第4章 教学视频路径: 随书光盘\视频教学\第4章	

设计思路与流程

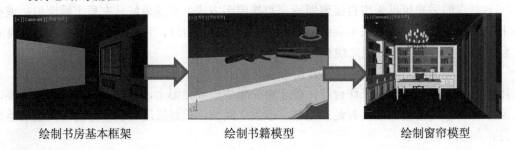

绘制书房基本框架　　　　　　绘制书籍模型　　　　　　绘制窗帘模型

制作关键点

在本例的制作中,书房墙面造型、书籍模型和窗帘模型的制作是比较关键的地方。

- 书房墙面造型　绘制该模型时,可以先绘制造型的轮廓和剖面图形,然后使用"倒角剖面"命令进行倒角剖面操作。
- 书籍模型　绘制该模型时,可以先使用"线"命令绘制书籍模型的横截面图形,然后对图形进行挤出。
- 窗帘模型　绘制该模型时,可以使用放样操作来完成。在绘制窗帘上方的花边模型时,需要对放样模型进行缩放变形修改。

4.2.1 绘制书房墙体

1 设置单位比例	2 设置系统单位
❶选择"自定义"|"单位设置"命令,打开"单位设置"对话框。 ❷在"公制"下拉列表中选择"毫米"选项。	❶单击"系统单位设置"按钮。 ❷在打开的"系统单位设置"对话框中设置"1单位=1.0毫米"。 ❸单击"确定"按钮关闭对话框。

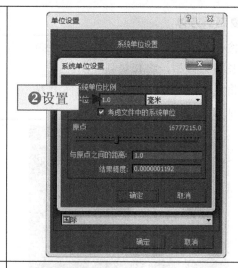

3 绘制长方体	4 创建线条图形
❶使用"长方体"命令在顶视图中拖动鼠标创建一个长方体。 ❷选择"修改"命令面板，修改长方体的"长度"、"宽度"、"高度"参数。	❶在"图形"命令面板中单击"线"按钮。 ❷在顶视图中沿长方体的上边缘和右边缘绘制一条线段。

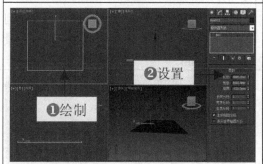

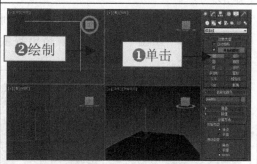

5 编辑线条	6 挤出模型
❶选择"修改"命令面板，在"修改器堆栈"中选择"样条线"选项。 ❷设置线段的轮廓值为–240mm。	❶在"修改器列表"中选择"挤出"命令。 ❷设置挤出的数量为 2800mm。

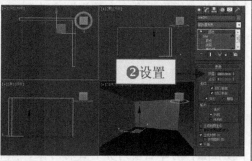

7 复制长方体	8 创建摄影机
❶按住 Shift 键，在前视图中选择并向上拖动长方体模型，将其复制一次。 ❷将复制的对象向上移动到墙体上方，作为顶面模型。	❶在"摄影机"命令面板中单击"目标"按钮。 ❷在顶视图中单击并拖动鼠标，创建一架目标摄影机。
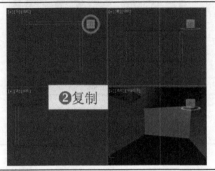	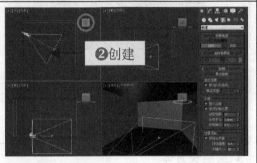
9 创建窗户墙体	10 创建窗户墙体
❶使用"矩形"命令在顶视图中绘制一个"长度"为240mm、"宽度"为1650mm 的矩形。 ❷选择"修改"命令面板，在"修改器列表"中选择"挤出"命令，设置挤出数量为 2800 mm。	❶使用"矩形"命令在顶视图中绘制一个"长度"为240mm、"宽度"为2300mm 的矩形。 ❷选择"修改"命令面板，在"修改器列表"中选择"挤出"命令，设置挤出数量为 2800 mm。
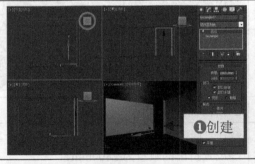	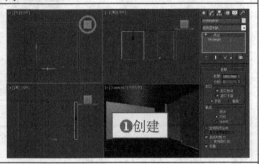
11 创建窗户下方墙体	12 复制窗户墙体
❶使用"矩形"命令在顶视图中绘制一个长度为240mm、宽度为1350mm的矩形。 ❷选择"修改"命令面板，在"修改器列表"中选择"挤出"命令，设置挤出数量为 900 mm。	❶在前视图中将窗户下方的墙体向上复制一次，并修改复制对象的挤出数量为 300 mm。 ❷使用"选择并移动"工具将复制得到的对象向上移动，使其上顶面与其他墙体的顶面对齐。

　　专业提示：在对齐模型的操作中，也可以在选择模型后，单击工具栏中的"对齐"按钮，再单击要对齐的目标对象，然后在打开的"对齐当前选择"对话框中进行对齐设置，在单击"确定"按钮后，即可准确地完成对齐操作。

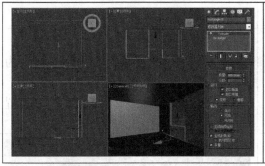 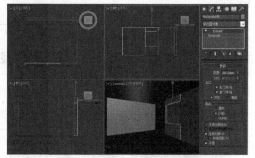

4.2.2　绘制书房窗户

1 创建矩形	**2 修改矩形**
❶隐藏窗户所在墙体以外的所有对象。 ❷在前视图中使用"矩形"命令创建一个"长度"为 1600mm、"宽度"为 1350mm 的矩形。	❶将矩形转换为可编辑样条线。 ❷在"修改"命令面板的"修改器堆栈"中选择"样条线"选项。 ❸在"几何体"展卷栏中设置"轮廓"值为 40mm。
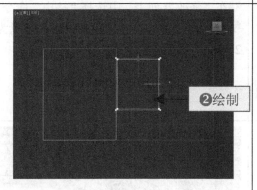	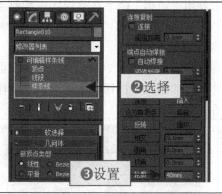
3 挤出窗户边框	**4 绘制矩形**
❶在"修改器列表"中选择"挤出"命令，设置挤出的数量为 140mm。 ❷在顶视图中将挤出的模型移动到窗洞内。	❶使用"矩形"命令在前视图中绘制一个"长度"为 1440mm、"宽度"为 1190mm 的矩形。 ❷将矩形转换为可编辑样条线。
	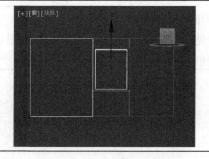

5 修改并挤出矩形	**6 创建并修改矩形**
❶在"修改"命令面板的"修改器堆栈"中选择"样条线"选项,在"几何体"展卷栏中设置"轮廓"值为 20mm。 ❷在"修改器列表"中选择"挤出"命令,设置挤出的数量为 25mm。	❶隐藏场景中的所有对象。 ❷在前视图中创建一个"长度"为 1400mm、"宽度"为 1150mm 的矩形。 ❸将矩形转换为可编辑样条线,然后设置矩形的"轮廓"值为 40mm。
 	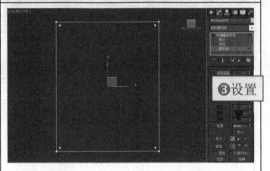
7 绘制并附加矩形	**8 挤出矩形**
❶使用"矩形"命令在前视图中绘制 4 个矩形,各个矩形的"宽"为 20mm,并适当设置其长度。 ❷选择前面创建的矩形,在"修改"面板中单击"附加"按钮,将所有的矩形附加在一起。	❶在"修改器列表"中选择"挤出"命令。 ❷在"参数"展卷栏中设置挤出的数量为 25mm。
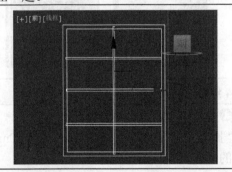	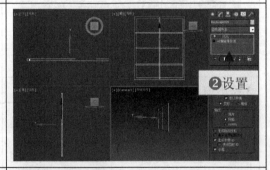
9 移动挤出模型	**10 调整模型的顶点**
❶显示所有的模型。 ❷使用"选择并移动"工具在顶视图中将刚创建的窗格移动到窗户边框内。	❶将窗格对象转换为可编辑多边形。 ❷在"修改器堆栈"中选择"顶点"选项,然后在前视图中适当调整模型的顶点。

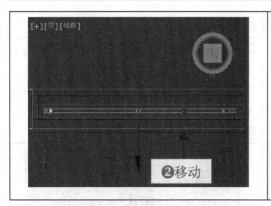

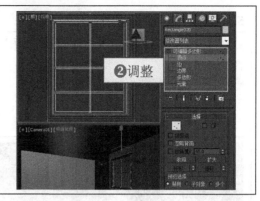

4.2.3　绘制造型墙面

1 绘制并挤出矩形	**2 绘制矩形**
❶将窗户墙体以外的模型隐藏。 ❷使用"矩形"命令在前视图绘制一个"长度"为 1540mm、"宽度"为 810mm 的矩形。 ❸在"修改器列表"中选择"挤出"命令，设置挤出数量为 1mm。	❶使用"矩形"命令在顶视图中绘制一个矩形。 ❷选择"修改"命令面板，设置矩形的"长度"为 30mm、"宽度"为 70mm。
	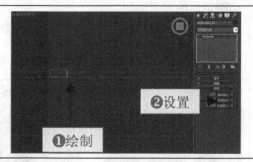
3 修改矩形	**4 绘制矩形**
❶将矩形转换为可编辑样条线。 ❷在"修改器堆栈"中选择"顶点"选项，适当调整矩形的各个顶点，创建出后面要使用的倒角剖面图形。	❶使用"矩形"命令在前视图绘制一个矩形。 ❷设置矩形的"长度"为 1550mm、"宽度"为 820mm。 ❸将矩形移动到墙面上。
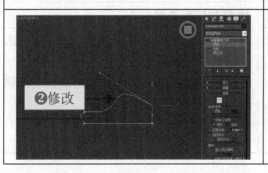	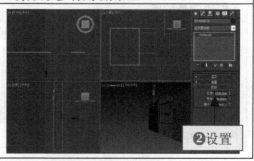

5 创建倒角剖面	6 镜像倒角剖面
❶在"修改器列表"中选择"倒角剖面"命令。 ❷单击"拾取剖面"按钮。 ❸在顶视图中拾取前面创建的剖面图形。	❶在顶视图中选择倒角剖面模型,单击主工具栏中的"镜像"按钮 ◪。 ❷在打开的"镜像"对话框中设置"镜像轴"为 Y 轴。然后单击对话框中的"确定"按钮。
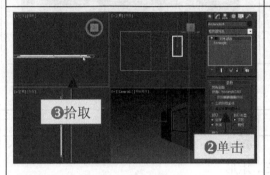	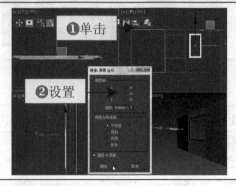
7 复制墙面造型	8 绘制并挤出矩形
❶按住 Shift 键,在前视图中选择并向左拖动刚创建的墙面造型。 ❷在打开的"克隆选项"对话框设置复制对象的数量为 1。 ❸对复制的对象进行适当移动。	❶使用"矩形"命令在前视图绘制一个"长度"为 400mm、"宽度"为 800mm 的矩形。 ❷在"修改器列表"中选择"挤出"命令。 ❸设置挤出的数量为 1 mm。
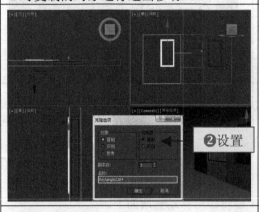	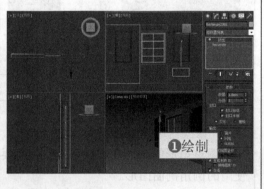
9 创建倒角剖面	10 复制墙面造型
❶使用"矩形"命令在前视图绘制一个"长度"为 400mm、"宽度"为 800mm 的矩形。 ❷在"修改器列表"中选择"倒角剖面"命令。 ❸单击"拾取剖面"按钮,拾取前面创建的剖面图形。	❶按住 Shift 键,在前视图中选择并向左拖动刚创建的墙面造型。 ❷在打开的"克隆选项"对话框设置复制对象的数量为 2。 ❸对复制对象的位置进行适当调整。

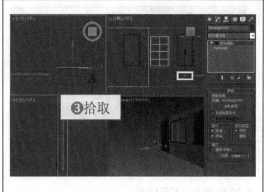 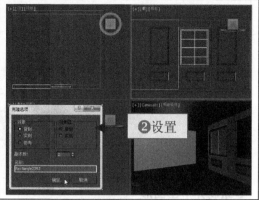

4.2.4　绘制书籍模型

1 合并模型	**2 绘制图形**
❶单击"程序图标"按钮，选择"导入"|"合并"命令。 ❷依次将"吊灯.max"、"书桌.max"、"书柜.max"和"顶面.max"素材合并到当前场景中。	❶隐藏桌子以外的所有模型。 ❷切换到左视图中，使用"线"命令在桌子上方绘制图形。
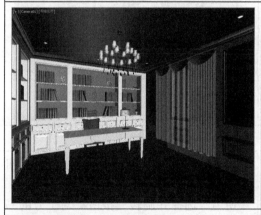	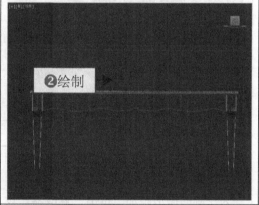
3 挤出图形	**4 镜像复制挤出模型**
❶选择"修改"命令面板，在"修改器列表"中选择"挤出"命令。 ❷在"参数"展卷栏中设置挤出的数量为276 mm。	❶在左视图中选择挤出的模型，单击主工具栏中的"镜像"按钮。 ❷在打开的"镜像"对话框中设置"镜像轴"为 X 轴，并选中"复制"单选项，然后进行确定。 ❸移动镜像复制的模型。
专业提示：在"镜像"对话框中，设置"镜像轴"选项组中的"偏移"值，可以将镜像后的对象以指定的距离偏移源对象。

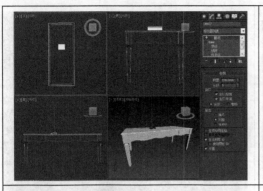

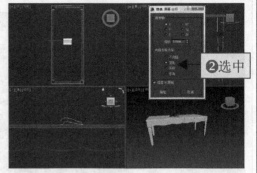

5 绘制并挤出图形	**6 镜像复制封面模型**
❶使用"线"命令在左视图中绘制一个书籍封面的剖面图形。 ❷在"修改器列表"中选择"挤出"命令。在"参数"展卷栏中设置挤出的数量为284 mm。	❶在左视图中选择封面模型,单击主工具栏中的"镜像"按钮 ▥。 ❷在打开的"镜像"对话框中设置"镜像轴"为 X 轴,并选中"复制"单选项,然后进行确定。 ❸移动镜像复制的模型。

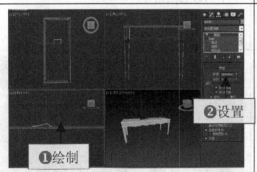

7 绘制关闭的书籍模型	**8 复制并旋转书籍模型**
❶使用"线"命令在左视图中绘制出关闭书籍的封面和内页剖面造型。 ❷为绘制的图形添加"挤出"修改器。设置封面挤出的数量为 500 mm,内页挤出的数量为 480 mm。	❶将关闭的书籍模型复制一次,并将其向上适当移动。 ❷使用"选择并旋转"按钮 ⟳ 对上方的书籍模型进行适当旋转。

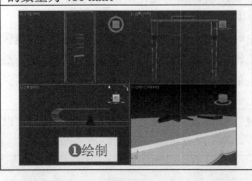

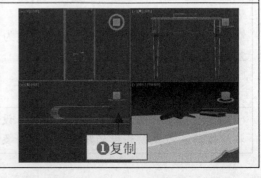

4.2.5 绘制书房窗帘

1 绘制波浪线	2 绘制放样路径
❶隐藏除窗户所在墙面以外的所有模型，然后切换到顶视图中。 ❷使用"线"命令在墙体上方绘制一条波浪线。	❶切换到前视图中。 ❷使用"线"命令绘制一条直线作为窗帘放样路径。
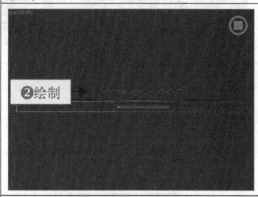	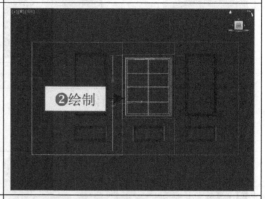
3 单击"放样"按钮	**4 拾取放样图形**
❶选择绘制的放样路径线条。 ❷在"几何体"下拉列表中选择"复合对象"选项，然后在"复合对象"面板中单击"放样"按钮。	❶在"创建方法"展卷栏中单击"获取图形"按钮。 ❷拾取前面绘制的波浪线作为放样截面。
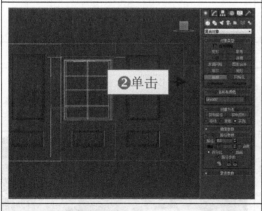	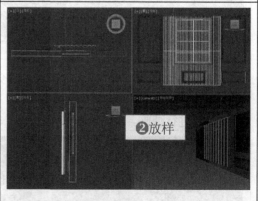
5 设置放样参数	**6 创建并复制窗帘模型**
❶在"修改"命令面板中展开"蒙皮参数"展卷栏。 ❷在"选项"选项组中设置"图形步数"和"路径步数"为 5，然后选中"翻转法线"复选框。	❶使用同样的方法创建另一个放样模型。 ❷对创建的放样模型进行复制并移动。

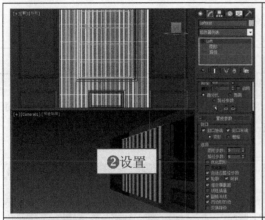

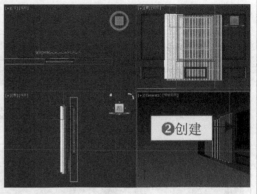

7 创建放样模型	**8 单击"缩放"按钮**
❶隐藏纱帘放样模型和墙体模型。 ❷使用前面介绍的方法创建放样模型。	❶选择"修改"命令面板。 ❷展开"变形"展卷栏,单击"缩放"按钮。

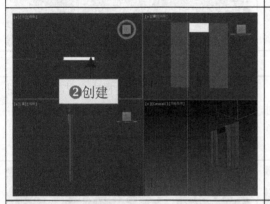

9 修改放样形状	**10 复制放样模型**
❶在打开的"缩放变形"对话框中为图形添加一个角点。 ❷对角点进行调整。	❶显示所有的模型。 ❷将修改后的放样模型复制两次,完成本例模型的创建。

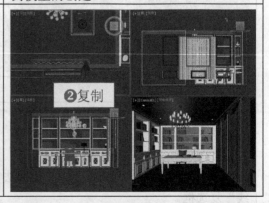

4.3　编辑书房材质

文件路径	案例效果
实例： 随书光盘\实例\第 4 章	
素材路径： 随书光盘\素材\第 4 章	
教学视频路径： 随书光盘\视频教学\第 4 章	

设计思路与流程

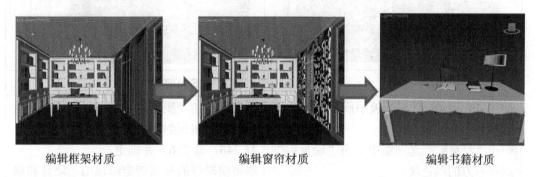

编辑框架材质　　　　　　　　　　编辑窗帘材质　　　　　　　　　编辑书籍材质

制作关键点

在本例的材质编辑中，地面材质、造型内墙面材质、窗帘材质和书籍材质的制作是比较关键的地方。

- 地面材质　地面材质使用了木地板效果，在编辑该材质时，要对材质添加相应的贴图对象，然后设置材质的反射，最后还需要指定模型的 UVW 贴图。
- 造型内墙面材质　在本例中的造型内墙面材质使用了"混合"材质类型，在设置好材质的类型后，再依次对材质 1 和材质 2 的材质类型和漫反射颜色进行设置，最后对材质的遮罩进行贴图设置。
- 窗帘材质　在编辑窗帘布材质时，使用了"混合"材质类型，并对材质 1 和材质 2 的漫反射颜色进行设置，再对材质的遮罩进行贴图设置；在编辑纱帘材质时，先对漫反射颜色设置为白色，再对材质的折射进行设置。
- 书籍材质　在编辑书籍内页材质时，将漫反射颜色设置为白色即可；在编辑书籍封面材质时，可以先对材质的类型进行设置，然后对材质进行贴图设置。

4.3.1 编辑书房顶面材质

1 选择渲染器	2 选择材质类型
❶选择"渲染"|"渲染设置"命令，打开"渲染设置"对话框。 ❷展开"指定渲染器"展卷栏，单击"产品级"选项后的"选择渲染器"按钮■。 ❸在打开的"选择渲染器"对话框中选择 V-Ray RT 2.40.03 选项并确定。	❶选择"渲染"|"材质编辑器"|"精简材质编辑器"命令，打开"材质编辑器"对话框。 ❷选择一个未编辑的材质样本球，单击 Standard 按钮。 ❸在打开的"材质/贴图浏览器"对话框中选择 VRayMtl 选项，然后单击"确定"按钮。

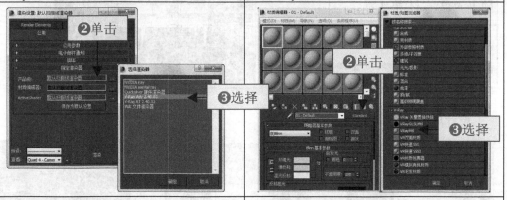

3 单击漫反射颜色块	4 设置漫反射颜色
❶在 VRayMtl 材质面板中展开"基本参数"展卷栏。 ❷在"漫反射"选项组中单击"漫反射"选项右方的颜色块。	❶在打开的"颜色选择器：漫反射"对话框中设置漫反射的颜色为黄色（红 255，绿 246，蓝 226）并确定。 ❷将编辑好的材质指定给顶面、墙体和墙面造型边框模型。

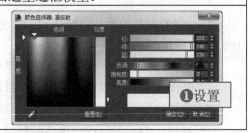

4.3.2 编辑书房地面材质

1 设置材质球	2 设置贴图类型
❶选择一个未编辑的材质球，设置该材质类型为 VRayMtl。 ❷在 VR 材质面板中单击"漫反射"选项后的■按钮。	❶在"材质/贴图浏览器"对话框中选择"位图"选项。 ❷单击"确定"按钮选择位图作为漫反射的贴图类型。

3 设置贴图对象	4 设置墙纸 UVW 贴图
❶在打开的"选择位图图像文件"对话框中选择"地板.jpg"图形文件。 ❷单击"打开"按钮选择该图形作为漫反射的贴图。	❶单击工具栏中的"转到父对象"按钮 返回到上一级面板中。 ❷在"反射"选项组中单击"反射"选项后面的颜色块。

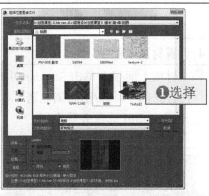 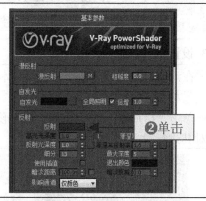

5 设置反射颜色	6 设置地面 UVW 贴图
❶在打开的"选择位图图像文件"对话框中选择"地板"图形文件。 ❷在打开的"颜色选择器：反射"对话框中设置反射颜色为灰色（红、绿、蓝均为45）并确定。 ❸将编辑好的材质指定给地面模型。	❶选择地面模型，在"修改器列表"中选择"UVW 贴图"命令。 ❷选择"长方体"贴图类型，设置"长度"为 1200mm、"宽度"为 550mm、"高度"为 100mm。

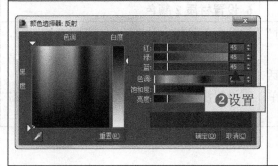 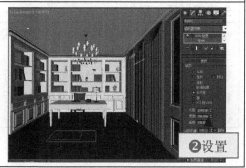

4.3.3　编辑造型墙面材质

1　设置材质类型	**2　丢弃旧材质**
❶选择一个未编辑的材质球，单击 Standard 按钮。 ❷在打开的"材质/贴图浏览器"对话框中选择"混合"选项并确定。	❶在打开的"替换材质"对话框中选择"丢弃旧材质"单选项。 ❷单击"确定"按钮。

3　设置材质 1	**4　设置材质 1 类型**
❶在混合材质面板中展开"混合基本参数"展卷栏。 ❷单击"材质 1"选项后面的长方形按钮，对其进行设置。	❶在材质 1 面板中单击 Standard 按钮。 ❷在打开的"材质/贴图浏览器"对话框中选择 VRayMtl 选项并确定。
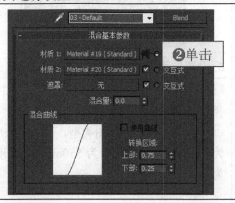	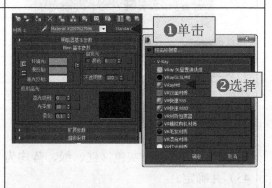
5　设置材质 1 颜色	**6　设置材质 2 颜色**
❶在"基本参数"展卷栏中单击"漫反射"选项右方的颜色块。 ❷在打开的"颜色选择器：漫反射"对话框中设置漫反射的颜色为土黄色，然后单击"确定"按钮。	❶单击工具栏中的"转到父对象"按钮，然后设置材质 2 为 VRayMtl 材质，然后单击"漫反射"选项右方的颜色块。 ❷设置漫反射的颜色为土黄色，然后单击"确定"按钮。

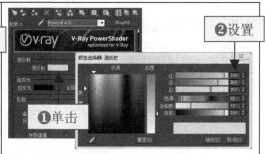

7 单击"无"按钮	8 设置遮罩贴图
❶单击工具栏中的"转到父对象"按钮 返回到上一级面板中。 ❷单击"遮罩"选项后面的"无"按钮。	❶在打开的"材质/贴图浏览器"对话框中选择"位图"选项。 ❷单击"确定"按钮。

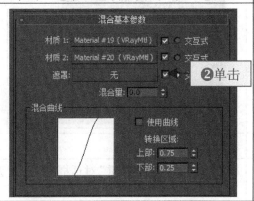

9 选择遮罩贴图对象	10 设置墙面 UVW 贴图
❶在打开"选择位图图像文件"对话框中选择并打开"花纹.jpg"图像。 ❷将编辑好的材质指定给造型内墙面模型。	❶选择造型内墙面模型,在"修改器列表"中选择"UVW 贴图"命令。 ❷选择"平面"贴图类型,保持其他选项为默认参数即可。

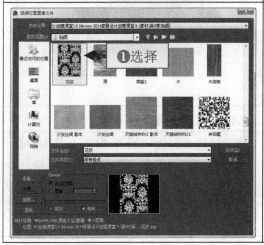

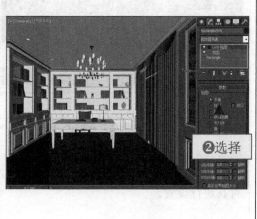

4.3.4 编辑书房窗帘材质

1 设置纱帘材质球	2 设置材质折射
❶选择一个未编辑的材质球,将其命名为"纱帘",然后设置该材质类型为 VRayMtl。 ❷设置漫反射的颜色为白色。	❶向下拖动面板滚动条,然后在"折射"选项组中单击"折射"颜色块。 ❷在打开的"颜色选择器:折射"对话框中设置颜色为灰色(红、绿、蓝均为 129)并确定,然后将该材质指定给纱帘模型。
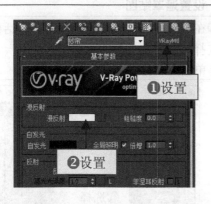	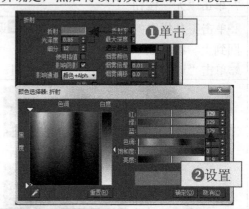
3 设置窗帘布材质类型	**4 丢弃旧材质**
❶选择一个未编辑的材质球,单击 Standard 按钮。 ❷在打开的"材质/贴图浏览器"对话框中选择"混合"选项并确定。	❶在打开的"替换材质"对话框中选择"丢弃旧材质"单选项。 ❷单击"确定"按钮。
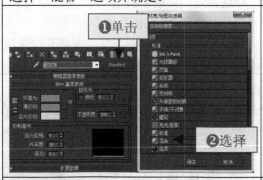	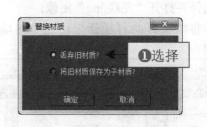
5 设置材质 1	**6 设置材质 1 漫反射颜色**
❶在混合材质面板中展开"混合基本参数"展卷栏。 ❷单击"材质 1"选项后面的长方形按钮,对其进行设置。	❶在材质 1 面板中展开"Blinn 基本参数"展卷栏,然后单击"漫反射"颜色块。 ❷在"颜色选择器:漫反射颜色"对话框中设置颜色为黄色(红 191,绿 166,蓝 121)并确定。

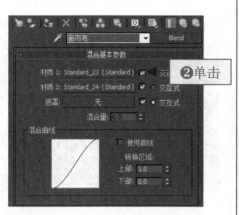

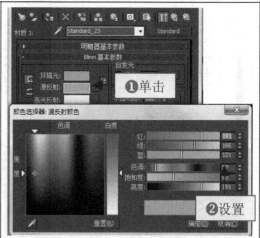

7　设置材质 2 颜色	8 设置遮罩贴图
❶单击工具栏中的"转到父对象"按钮，然后单击"材质 2"选项后面的长方形按钮。 ❷在材质 2 面板中单击"漫反射"颜色块。在"颜色选择器：漫反射颜色"对话框中设置颜色为白色（红、绿、蓝均为 255）并确定。	❶单击工具栏中的"转到父对象"按钮，然后单击"遮罩"选项后面的"无"按钮。 ❷在打开的"材质/贴图浏览器"对话框中选择"位图"选项并确定。

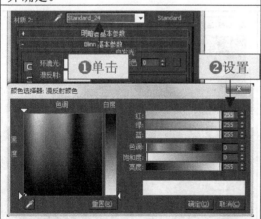

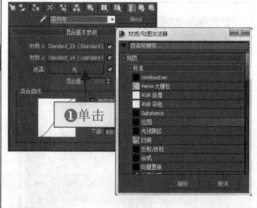

9　选择遮罩贴图对象	10 设置墙面 UVW 贴图
❶在打开"选择位图图像文件"对话框中选择并打开"未标题.jpg"图像。 ❷将编辑好的材质指定给窗帘布模型。	❶依次选择各个窗帘布，在"修改器列表"中选择"UVW 贴图"命令。 ❷选择"长方体"贴图类型，保持其他选项参数不变。

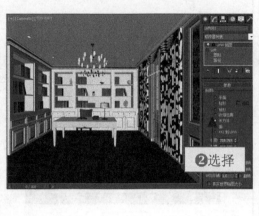

4.3.5 编辑书籍模型材质

1 设置封面材质球	**2 选择漫反射贴图类型**
❶选择一个未编辑的材质球，将其命名为"封面"，然后设置该材质类型为VRayMtl。 ❷在"反射"选项组中设置"高光光泽度"为 0.65、"反射光泽度"为 0.88。	❶单击"漫反射"选项后方的■按钮。 ❷在打开的"材质/贴图浏览器"对话框中选择"位图"选项并确定。
	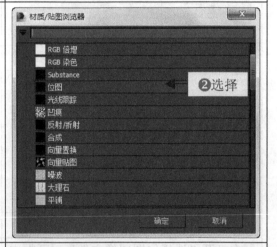
3 选择贴图文件	**4 设置 UVW 贴图**
❶在打开的"选择位图图像文件"对话框中选择"封面.jpg"文件作为贴图对象。 ❷将编辑好的材质指定给桌面上书籍的封面模型。	❶选择书籍的封面模型，在"修改器列表"中选择"UVW 贴图"命令。 ❷选择"长方体"贴图类型，保持其他选项参数不变。

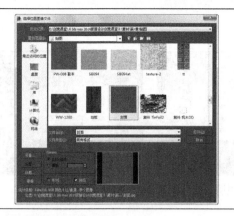

5　设置材质内页材质	6　设置 UVW 贴图
❶选择一个未编辑的材质球命名为"内页"。 ❷单击"漫反射"的颜色块。 ❸在"颜色选择器：漫反射颜色"对话框中设置颜色为白色并确定，然后将该材质指定给书籍的内页模型。	❶选择书籍的内页模型，在"修改器列表"中选择"UVW 贴图"命令。 ❷选择"长方体"贴图类型，保持其他选项参数不变。

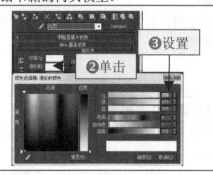 |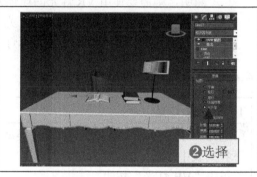

4.4　添加书房灯光

文件路径	案例效果
实例： 随书光盘\实例\第 4 章	
素材路径： 随书光盘\素材\第 4 章	
教学视频路径： 随书光盘\视频教学\第4章	

设计思路与流程

创建全局照明灯光　　　　　　　　创建局部照明灯光　　　　　　　　创建射灯灯光

制作关键点

在本例的制作中,创建全局照明灯光、局部照明灯光和射灯灯光是比较关键的地方。

- 创建全局照明灯光　　在本例中,全局照明灯光使用了 VR 灯光和泛光灯。VR 灯光用于主要照明,泛光灯用于辅助照明。
- 创建局部照明灯光　　在本例中,局部照明灯光包括对书柜中的书籍和台灯的灯罩进行照明。对书籍进行照明,可以使用 VR 灯光的平面光源;对台灯的灯罩进行照明,则需要使用 VR 灯光的球体光源。
- 创建射灯灯光　　本例中的射灯灯光使用了自由灯光,并为灯光指定光域网灯光素材。自由灯光的设置方法与目标灯光相同。

4.4.1　创建书房全局照明

1 选择 VR 灯光	**2 创建 VR 灯光**
❶选择"灯光"命令面板中,在灯光类型下拉列表中选择 VRay 选项。 ❷单击"VR 灯光"按钮。	❶在前视图中单击并拖动鼠标,创建一盏 VR 灯光。 ❷在左视图中对创建的 VR 灯光进行适当移动。
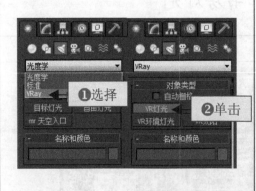	

3 设置灯光参数	4 设置灯光选项
❶在"修改"命令面板中设置"强度"选项组中的"倍增器"为 5。 ❷单击颜色图标。 ❸设置灯光为淡蓝色（红 235，绿 255，蓝 255）。	❶将参数面板向上拖动。 ❷在"选项"选项组中选中"不可见"复选框。
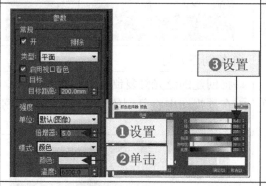	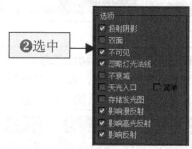
5 复制 VR 灯光	6 创建 VR 灯光
❶切换到顶视图中，然后将刚创建的 VR 灯光复制一次。 ❷将复制的 VR 灯光向右方适当移动。	❶使用"VR 灯光"命令在顶视图中创建一盏 VR 灯光。 ❷在左视图中将创建的 VR 灯光向上适当移动。
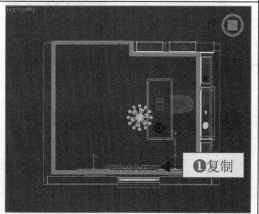	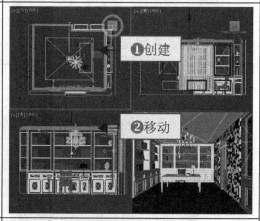
7 设置灯光参数	8 创建泛光灯
❶在"强度"选项组中设置"倍增器"为 4。 ❷单击颜色块，设置灯光为黄色（红 255，绿 177，蓝 85）。	❶在"灯光类型"下拉列表中选择"标准"选项。 ❷单击"泛光"按钮。 ❸在顶视图中单击鼠标创建一个泛光灯。

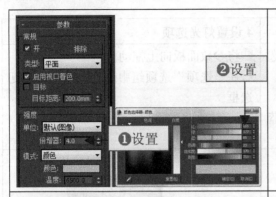

9 设置灯光参数	10 复制泛光灯
❶在前视图中向上适当移动泛光灯。 ❷选择"修改"命令面板,在"强度/颜色/衰减"展卷栏中设置"倍增"值为0.3。	❶将创建的泛光灯复制一次。 ❷在顶视图中将复制的泛光灯移动到书房右下角。

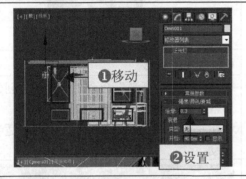

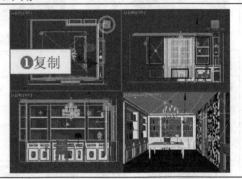

4.4.2 创建书房局部照明

1 创建书籍照明灯光	2 设置灯光参数
❶隐藏创建的灯光,切换到顶视图中,使用"VR 灯光"命令在书柜的书籍上方创建一盏 VR 灯光。 ❷在左视图中对创建的 VR 灯光进行适当移动,对书籍进行照明。	❶在"修改"命令面板中设置"强度"选项组中的"倍增器"为3。 ❷单击颜色块。 ❸设置灯光为黄色(红 255,绿 195,蓝 136)。

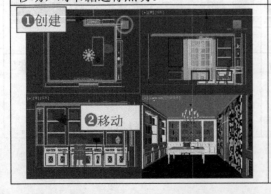

3 复制 VR 灯光	4 创建台灯的灯罩灯光
❶对刚创建的 VR 灯光进行多次复制。 ❷将各个 VR 灯光进行移动，对书柜中的书籍分别进行照明。	❶隐藏书桌以外的所有对象，使用"VR 灯光"命令创建一盏 VR 灯光。 ❷在顶视图和前视图中对创建的 VR 灯光进行适当移动。
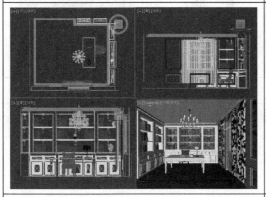	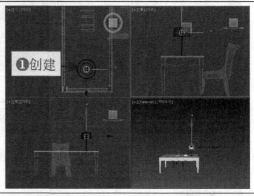

5 设置灯光参数	6 设置灯光半径和颜色
❶进入"修改"命令面板，在"类型"下拉列表中选择"球体"选项。 ❷在"强度"选项组中设置"倍增器"为8。	❶在"大小"选项组中设置"半径"为48mm。 ❷单击颜色块，设置灯光为黄色（红 255，绿 179，蓝 89）。
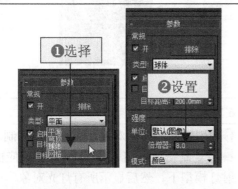	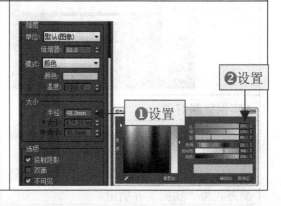

4.4.3　创建书房射灯灯光

1 创建自由灯光	2 设置灯光阴影和类型
❶显示所有模型，并隐藏创建的灯光，然后在灯光类型下拉列表中选择"光度学"选项。 ❷单击"自由灯光"按钮。在射灯模型下方创建一个自由灯光。	❶选择"修改"命令面板，展开"常规参数"展卷栏，在"阴影"选项组中选中"启用"复选框。 ❷在"灯光分布（类型）"下拉列表中选择"光度学 Web"选项。

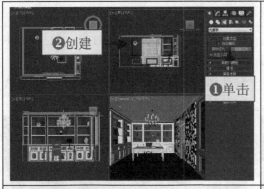

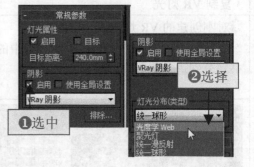

3 选择灯光素材	**4 设置灯光强度**
❶在产生的"分布（光度学 Web）"展卷栏中单击"<选择光度学文件>"按钮。 ❷在打开的"打开光域 Web 文件"对话框中选择并打开"小射灯.IES"灯光素材。	❶展开"强度/颜色/衰减"展卷栏。 ❷在"强度"选项组中选中 cd 单选项，然后设置灯光强度值为 24000。

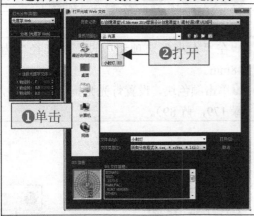

5 实例复制灯光	**6 复制射灯**
❶选择刚创建的灯光，按住 Shift 键并拖动灯光。 ❷在打开的"克隆选项"对话框中设置复制方式为"实例"并确定。	❶使用同样的方法对射灯进行实例复制。 ❷将复制得到的灯光分布在书房对应的射灯模型下，然后显示所有灯光对象。

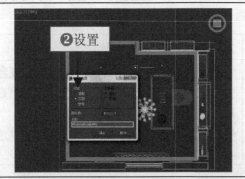

4.5 渲染书房效果图

文件路径	案例效果
实例： 随书光盘\实例\第 4 章 素材路径： 随书光盘\素材\第 4 章 教学视频路径： 随书光盘\视频教学\第 4 章	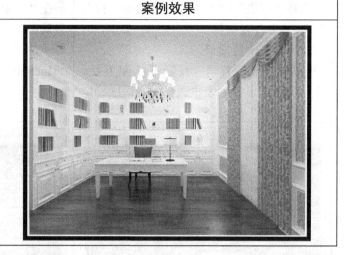

设计思路与流程

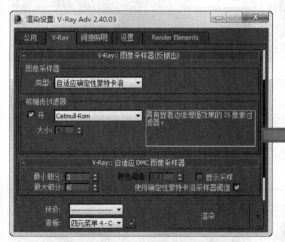

设置 V-Ray 参数

设置间接照明

制作关键点

在本例的制作中，设置 V-Ray 参数和间接照明参数是比较关键的地方。

● **V-Ray 参数设置** 在"渲染设置"对话框中选择 V-Ray 选项卡，需要设置图像采样器、抗锯齿和颜色贴图等参数。

● **间接照明设置** 在"渲染设置"对话框中选择"间接照明"选项卡，需要设置全局照明焦散、发光图和灯光缓存等参数。

4.5.1 设置图像采样器

1 选择图像采样器	2 设置抗锯齿参数
❶选择"渲染"∣"渲染设置"命令，打开"渲染设置"对话框。 ❷选择 V-Ray 选项卡。 ❸展开"图像采样器（反锯齿）"展卷栏。在"类型"下拉列表中选择"自适应确定性蒙特卡洛"选项。	❶在"抗锯齿过滤器"选项组中选中"开"复选框。 ❷单击"区域"下拉列表框，然后选择"Mitchell-Netravali"选项。

3 设置细分值	**4 设置颜色贴图**
❶展开"自适应 DMC 图像采样器"展卷栏。 ❷设置"最小细分"和"最大细分"的值分别为 2 和 6。	❶展开"颜色贴图"展卷栏。 ❷在"类型"下拉列表框中选择"指数"选项。

4.5.2　设置间接照明

1 选中"开"复选框	2 设置发光图
❶选择"间接照明"选项卡。 ❷展开"间接照明（GI）"展卷栏，选中"开"复选框。 ❸在"二次反弹"选项组中设置"全局照明引擎"为"灯光缓存"。	❶展开"发光图[无名]"展卷栏。 ❷单击"当前预置"下拉列表框，然后选择"高"选项。
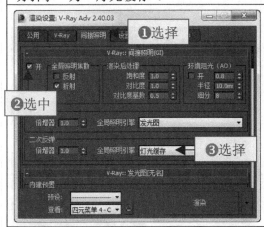	
3 设置灯光缓存	4 设置焦散
❶展开"灯光缓存"展卷栏。 ❷在"计算参数"选项组中设置"细分"值为 2000、"采样大小"为 0.02。	❶展开"焦散"展卷栏。 ❷选中"开"复选框，设置"最大光子"值为 60。
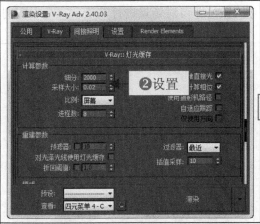	

专业提示：在"焦散"展卷栏中开启"焦散"功能，将影响图像的渲染速度，如果对渲染的质量要求不是太高，通常可以将"焦散"功能关闭。

4.5.3 渲染场景图像

1 设置输出大小	**2 单击"文件"按钮**
❶在"渲染设置"对话框中选择"公用"选项卡。 ❷展开"公用参数"展卷栏,在"输出大小"选项组中设置"宽度"为800、"高度"为600。	❶在"渲染设置"对话框中向下拖动滚动条。 ❷在"公用参数"展卷栏的"渲染输出"选项组中单击"文件"按钮。
	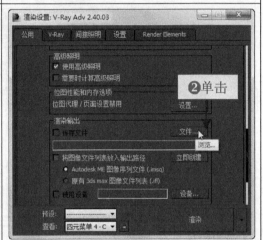
3 设置图像保存路径	**4 渲染场景**
❶在"渲染输出文件"对话框中指定输出图像的位置。 ❷设置文件的保存类型和名称。 ❸单击"保存"按钮进行确定。	❶选择摄影机视图作为渲染对象。 ❷单击"渲染设置"对话框中的"渲染"按钮,即可对场景进行渲染,完成本实例的制作。
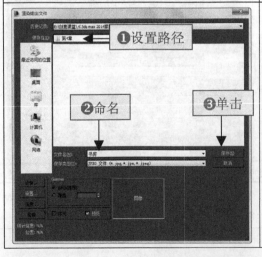	

4.6　设计深度分析

在书房设计中，除了需要保持良好的通风和适宜的温度外，还应该注意书房的位置、内部格局和总体色调等。

1. 书房的位置

书房需要的环境是安静，少干扰，但不一定要求私密。如果各个房间均在同一层，那它可以布置在私密区的外侧，或门口旁边单独的房间。如果它同卧室是一个套间，则在外间比较合适。读书不能影响家人的休息，而且读书的活动经常会延续至深夜，中间也许要吃夜宵，要去卫生间，所以最好不要路过卧室。

2. 书房的内部格局

书房中的空间主要有收藏区、读书区、休息区。对于 8～15 平方米的书房，收藏区适合沿墙布置，读书区靠窗布置，休息区占据余下的角落。而对于 15 平方米以上的大书房，布置方式就灵活多了，如圆形可旋转的书架位于书房中央，有较大的休息区可供多人讨论，或者有一个小型的会客区。

3. 书房的总体色调

书房的总体色调要统一协调，或以淡雅取胜，或以深沉见长。总体色调的形成因素包括书房家具的表面色彩，书房织物如窗帘、地毯，或其他坐具上的覆盖物，以及书房整体空间环境的色彩等。

在选择整体色调时，要重视每一件物品的具体色彩，这些具体的色块要统一于大的色调之中，可以存在深浅度上的差别，或者饱和度即纯度上的差别。但尽量在一些大的色块上，不要有色相上的差异。大的块面色彩要统一，小的局部色彩可以允许有大的跳跃。如一些小用具、摆设和陈列品，或挂饰壁画之类，这些局部色彩与整体色调上的对比，会产生活跃的气氛。

第 5 章　制作卧室效果图

学习目标

卧室在人们生活中的位置是众所周知的，所以卧室装修中家具的配置、色调的搭配、装修美化的效果、灯光的选择及安装位置就显得格外重要。

在本章的学习中，将学习卧室的表现方法。在绘制卧室效果图之前，首先介绍卧室的设计理念，通过理论结合实战对卧室效果的制作进行详细讲解。

效果展示

5.1　卧室设计基础

人的三分之一时间基本上都是在卧室中度过的，卧室这个完全私人的空间，是人们彻底放松，充分休息的地方。下面介绍一下卧室的设计原则和色彩配置。

1. 卧室设计的原则

卧室是私人的空间，当人们不愿被他人打扰时就会躲进卧室里。所以，设计卧室时首先应考虑的是让人感到舒适和安静。卧室设计的一般原则如下：

- 在卧室的设计上，功能与形式应该完美统一。设计师应追求时尚而不浮躁，庄重典雅，而不乏轻松浪漫的感觉。
- 利用材料的多元化应用、几何造型的有机融入、线条节奏和韵律的充分展现、灯光造型的立体化应用等表现手法，营造温馨柔和、独具浪漫主义情怀的卧室空间。
- 床头背景墙是卧室设计中的重头戏。设计上可以运用点、线、面等要素，使造型和谐统一而富于变化。
- 窗帘帷幔往往最具柔情主义。轻柔的摇曳，徐徐而动的娇羞，优雅的配色可以使卧室变得浪漫温馨。
- 卧室中的灯光更是点睛之笔，筒灯斑斑宛若星光点点，多角度的设计可以使灯光的立体造型更加丰富多彩。
- 卧室的设计应遵从主人的年龄、个性和爱好。
- 卧室地面宜用木地板、地毯或者陶瓷地砖等材料。
- 卧室的前面宜用墙纸壁布或者乳胶漆，颜色花纹应根据主人喜好来选择。
- 卧室的顶面装饰，宜用乳胶漆、墙纸（布）或者局部吊顶。
- 人工照明应考虑整体与局部照明，卧室的照明光线宜柔和。

2. 卧室的色彩配置

卧室大面积色调，一般是指家具、墙面、地面三大部分的色调，首先是组合这三部分，确定一个主色调，如果墙是以绿色系列为主调，织物就不宜选择暖色调。其次是确定好室内的重点色彩，即中心色彩，卧室一般以床上用品为中心色，如床罩为杏黄色，那么，卧室中其他织物应尽可能用浅色调的同种色，如米黄色、咖啡色等，最好是全部织物采用同一种图案。

卧室应该在色彩上强调宁静和温馨的色调，以有利于营造良好的休息气氛，一般以蓝色调系列、粉色和米色调系列居多。另外，运用色彩可以对人产生的不同心理、生理感受来进行装饰设计，以通过色彩配置来营造舒适的卧室环境。不同的色彩，得到的感受如下：

- 白色　明快、洁净、朴实并纯真。
- 黄色　活泼、柔和、尊贵。
- 绿色　健康、宁静、清新。
- 蓝色　深沉、柔和、广阔。
- 紫色　高贵、壮丽、神秘。

5.2 绘制卧室模型

文件路径	案例效果
实例： 随书光盘\实例\第 5 章	
素材路径： 随书光盘\素材\第 5 章	
教学视频路径： 随书光盘\视频教学\第 5 章	

设计思路与流程

绘制卧室毛发地毯　绘制卧室艺术门　绘制造型踢脚线

制作关键点

在本例的制作中，卧室毛发地毯、卧室艺术门和造型踢脚线的制作是比较关键的地方。

- 卧室毛发地毯　绘制卧室毛发地毯时，可以先绘制一个平面，然后对其添加"Hair 和 Fur（WSM）"修改器。
- 卧室艺术门　绘制卧室艺术门时，可以使用放样操作来完成，首先绘制艺术门的框架线条和剖面造型图形，然后以框架线条为放样路径，以剖面造型图形为放样截面进行放样操作。
- 造型踢脚线　绘制造型踢脚线时，可以使用放样和倒角剖面操作来完成。本例将使用倒角剖面操作来绘制造型踢脚线。首先绘制踢脚线路径和剖面图形，然后对踢脚线路径添加"倒角剖面"修改器，选择剖面图形作为倒角剖面对象。

5.2.1 绘制卧室毛发地毯

1 打开素材模型	**2 绘制摄影机**
❶在快速访问工具栏中单击"打开"按钮 ❷在"打开文件"对话框中将"卧室.max"文件打开。	❶在视图中创建一个摄影机。 ❷在"修改"命令面板中设置"镜头"为24mm。 ❸将透视图转换为摄影机视图。

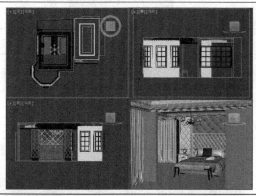

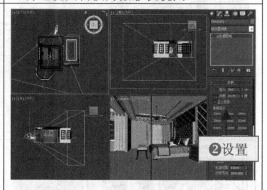

3 设置摄影剪切	**4 绘制长方体**
❶向下拖动滚动条。 ❷在"剪切平面"选项组中选中"手动剪切"复选框。 ❸设置"近距剪切"为1576mm、"远距剪切"为10000 mm。	❶使用"长方体"命令在顶视图中绘制一个长方体。 ❷在"修改"命令面板中设置长方体的"长度"、"宽度"、"高度"。

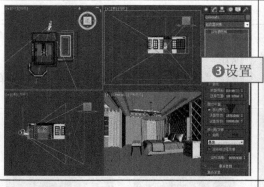

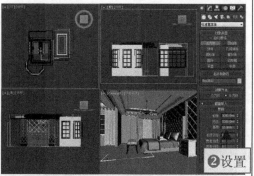

5 绘制平面	**6 选择毛发修改器**
❶在"创建"面板中单击"平面"按钮。 ❷在顶视图中拖动鼠标创建一个平面。 ❸设置"长度"为 3000mm、"宽度"为1900 mm。	❶隐藏平面以外的所有模型。 ❷选择"修改"命令面板，在"修改器列表"中选择"Hair 和 Fur（WSM）"命令。

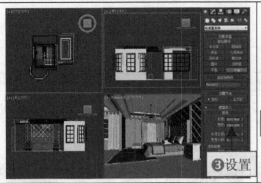

7 选择预设对象	8 修改毛发参数
❶展开"工具"展卷栏，在"预设值"选项组中单击"加载"按钮。 ❷在打开的"Hair 和 Fur 预设值"对话框中选择所需对象。	❶展开"常规参数"展卷栏。 ❷修改"剪切长度"为 50、"根厚度"为 5、"稍厚度"为 2。

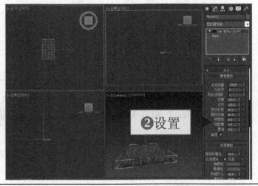

9 设置多股参数	10 启用"设计发型"功能
❶展开"多股参数"展卷栏。 ❷设置"数量"为 5、"根展开"和"稍展开"为 1、"扭曲"为 2。	❶展开"设计"展卷栏，单击"设计发型"按钮。 ❷在"选择"选项组中单击"由头稍选择毛发"按钮。

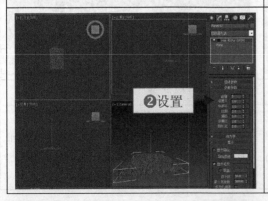

11 设计发型	**12 将毛发转换为网格**
在视图中随意选择部分毛发，然后适当拖动毛发进行调整。	❶在"工具"展卷栏中单击"转换"选项组中的"毛发→网格"按钮。 ❷显示其他的模型。
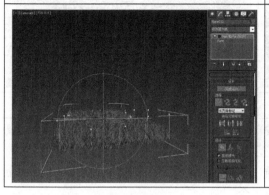	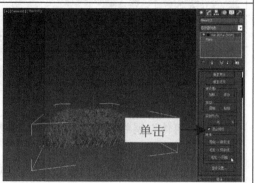

5.2.2　绘制卧室艺术门

1 绘制矩形	**2 修改矩形顶点类型**
❶将左视图最大化显示，然后将墙体以外的其他模型隐藏。 ❷使用"矩形"命令绘制一个矩形。 ❸设置矩形参数。	❶将矩形转换为可编辑的样条线。 ❷在"修改器堆栈"中选择"顶点"选项。 ❸选择矩形的 4 个顶点并单击鼠标右键，在弹出的菜单中选择"角点"命令。
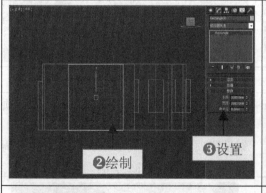	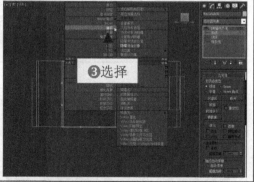
3 为矩形添加顶点	**4 移动线段**
❶在"几何体"展卷栏中单击"插入"按钮。 ❷在矩形下方通过单击鼠标插入 4 个顶点，然后单击鼠标右键结束插入顶点的操作。	❶在"修改器堆栈"中选择"线段"选项，然后选择矩形下方中间的线段。 ❷使用鼠标右键单击"选择并移动"按钮 ⊞，在打开的对话框中设置 Y 轴偏移为2000mm。

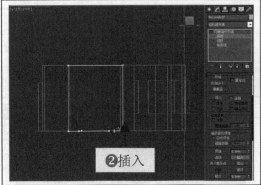

5 添加图形顶点

❶在"几何体"展卷栏中单击"插入"按钮。

❷在图形左上方通过单击鼠标插入 4 个顶点，然后单击鼠标右键结束插入顶点的操作。

6 修改顶点类型

❶选择图形的左上方的 4 个顶点并单击鼠标右键。

❷在弹出的菜单中选择"Bezier 角点"命令。

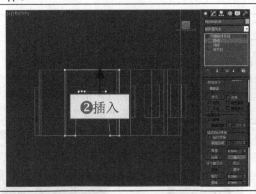

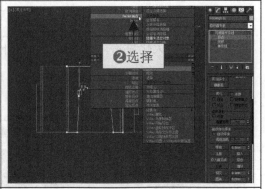

7 修改图形形状

通过选择并拖动左上方各个顶点的 Bezier 手柄，调整图形的形状。

8 修改右方图形形状

❶使用同样的方法在图形右方添加 4 个顶点。

❷设置顶点的类型为 Bezier 角点，然后调整各个顶点的 Bezier 手柄。

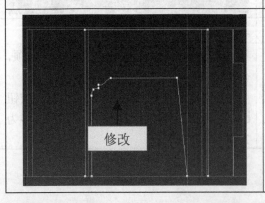

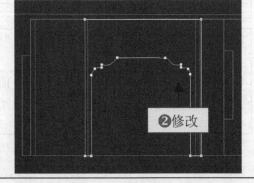

9 挤出图形	**10 调整模型位置**
❶在"修改器列表"中选择"挤出"命令。 ❷在"参数"展卷栏中设置挤出的数量为160mm。	❶将挤出后的模型转换为可编辑多边形。 ❷在顶视图中将模型移动到卧室的门洞中。
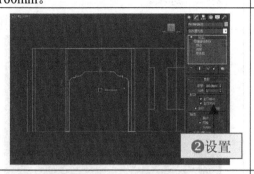	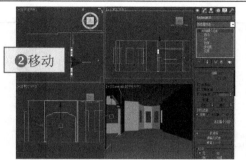
11 使用 UVW 贴图	**12 绘制线条**
❶在"修改器列表"中选择"UVW 贴图"命令。 ❷设置 UVW 贴图类型为"长方体",并设置其参数。	❶在"图形"命令面板中单击"线"按钮。 ❷参照前面创建的模型绘制线条。
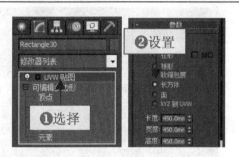	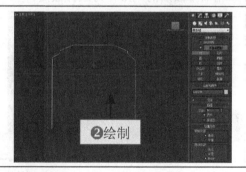
13 修改线条的形状	**14 绘制矩形**
❶选择"修改"命令面板,在"修改器堆栈"中选择"顶点"选项。 ❷将上方的顶点转换为"Bezier 角点"类型,然后调整图形的形状。	❶使用"矩形"命令在顶视图中绘制一个矩形。 ❷在"参数"展卷栏中设置矩形的"长度"为 110mm、"宽度"为 100mm。
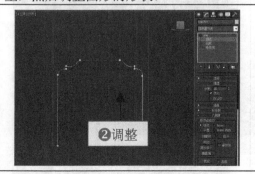	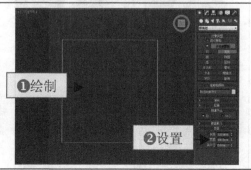

15 修改矩形形状	16 放样操作
❶将矩形转换为可编辑样条线。 ❷通过添加和编辑顶点,修改矩形的形状。	❶选择前面绘制的线条作为放样路径。 ❷然后在"几何体"下拉列表中选择"复合对象"选项。 ❸在"复合对象"面板中单击"放样"按钮。
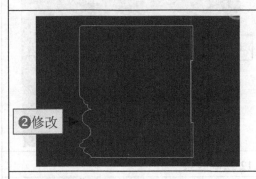	
17 拾取放样图形	18 调整放样模型的位置
❶在"创建方法"展卷栏中单击"获取图形"按钮。 ❷拾取修改后的矩形作为放样截面。	❶在顶视图中将放样模型移动到造型门洞内。 ❷将放样后的模型转换为可编辑多边形。
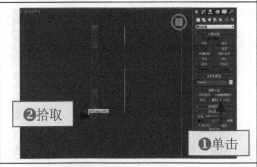	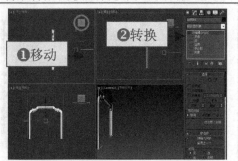
19 镜像复制模型	20 调整镜像模型的位置
❶在工具栏中单击"镜像"按钮 。 ❷在打开的"镜像"对话框中设置"镜像轴"为X,镜像方式为"复制"。	❶在顶视图中适当调整镜像后的模型。 ❷取消其他模型的隐藏。
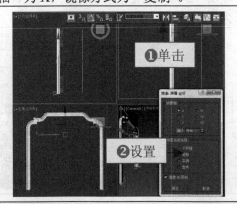	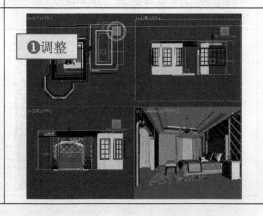

5.2.3　绘制造型踢脚线

1 绘制踢脚路径	**2 绘制一个矩形**
❶隐藏墙体以外的图形，在"图形"命令面板中单击"线"按钮。 ❷在顶视图中沿着墙体边缘绘制线条作为踢脚线的路径。	❶将左视图最大化，在"图形"命令面板中单击"矩形"按钮。 ❷绘制一个矩形。 ❸设置矩形的"长度"为 150mm、"宽度"为 24mm。
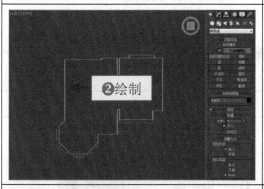	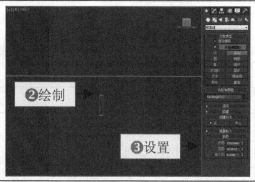
3 修改矩形的形状	**4 选择"倒角剖面"修改器**
❶将矩形转换为可编辑样条线。 ❷通过添加和编辑顶点，修改矩形的形状。	❶选择踢脚线路径线条。 ❷在"修改器列表"中选择"倒角剖面"命令。

5 拾取倒角剖面图形	**6 显示所有模型**
❶在"参数"展卷栏中单击"拾取剖面"按钮。 ❷选择修改后的矩形造型作为倒角剖面图形。	❶显示所有的场景模型。 ❷适当调整踢脚线的位置。

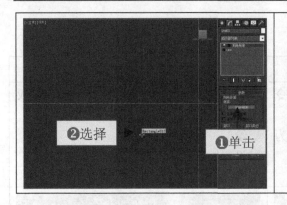

5.3 编辑卧室材质

文件路径	案例效果
实例： 随书光盘\实例\第 5 章	
素材路径： 随书光盘\素材\第 5 章	
教学视频路径： 随书光盘\视频教学\第 5 章	

设计思路与流程

编辑框架材质　　　　　　　　　编辑床上用品材质　　　　　　　　　编辑吊灯材质

制作关键点

在本例的材质编辑中，墙纸材质、枕头材质和吊灯材质的制作是比较关键的地方。

● 墙纸材质　在本例中的墙纸材质使用了"混合"材质类型，并对材质 1 和材质 2 的颜色进行设置，再设置材质的遮罩贴图。

● 枕头材质　在本例中的枕头材质也使用了"混合"材质类型，然后对材质 1 和材质 2 应用"衰减"贴图，并对衰减的颜色 1 和颜色 2 进行设置，最后设置材质的遮罩贴图。

● 吊灯材质　本例中的吊灯包括灯罩和金属灯架两个部分，设置灯罩材质需要设置材质的漫反射和折射参数；设置金属灯架材质需要设置材质的漫反射和反射参数。

5.3.1　编辑卧室框架材质

1 单击 Standard 按钮	2 设置材质类型
❶选择"渲染"|"材质编辑器"|"精简材质编辑器"命令，打开"材质编辑器"对话框。 ❷选择未编辑的材质球，单击 Standard 按钮。	❶在打开的"材质/贴图浏览器"对话框中展开 V-Ray 展卷栏。 ❷选择 VRayMtl 选项并单击"确定"按钮。
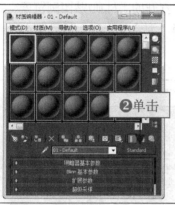	
3 设置漫反射颜色	4 选择"输出"贴图类型
❶在 VR 材质面板中单击"漫反射"选项的颜色块，设置该颜色为白色。 ❷单击"漫反射"选项后面的█按钮。	❶在打开的"材质/贴图浏览器"对话框中选择"输出"选项。 ❷单击"确定"按钮。
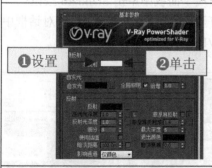	
5 设置材质输出参数	6 设置材质类型
❶在出现的材质面板中展开"输出"展卷栏。 ❷设置"输出量"为 1.2。 ❸将编辑好的材质指定给卧室顶面模型。	❶选择一个未编辑的材质球，单击 Standard 按钮。 ❷在打开的"材质/贴图浏览器"对话框中选择 VRayMtl 选项并确定。

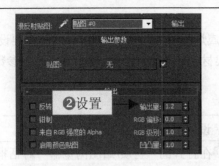

7 设置漫反射和高光	8 设置材质类型
❶单击"漫反射"选项的颜色块，设置该颜色为白色。 ❷在"反射"选项组中单击"高光光泽度"选项后面的█按钮，然后设置"高光光泽度"为 0.85。将编辑好的材质指定给艺术门框和踢脚线模型。	❶选择下一个未编辑的材质球，然后单击 Standard 按钮。 ❷在打开的"材质/贴图浏览器"对话框中选择"混合"选项，然后单击"确定"按钮。

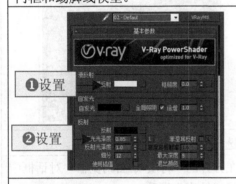

9 设置材质 1	10 设置材质 1 类型
❶在混合材质面板中展开"混合基本参数"展卷栏。 ❷单击"材质 1"选项后面的长方形按钮，对其进行设置。	❶在材质 1 面板中单击 Standard 按钮。 ❷在打开的"材质/贴图浏览器"对话框中选择 VRayMtl 选项并确定。

11　设置材质 1 颜色	12　设置材质 2 颜色
❶在"基本参数"展卷栏中单击"漫反射"选项右方的颜色块。 ❷在打开的"颜色选择器：漫反射"对话框中设置漫反射的颜色为土黄色，然后单击"确定"按钮。	❶单击工具栏中的"转到父对象"按钮，然后设置材质 2 为 VRayMtl 材质，然后单击"漫反射"选项右方的颜色块。 ❷设置漫反射的颜色为土黄色，然后单击"确定"按钮。

13　设置遮罩贴图	14　选择遮罩贴图对象
❶单击工具栏中的"转到父对象"按钮，然后单击"遮罩"选项后面的"无"按钮。 ❷在打开的"材质/贴图浏览器"对话框中选择"位图"选项并确定。	❶在打开"选择位图图像文件"对话框中选择并打开"黑白贴图 2.jpg"图像。 ❷将编辑好的材质指定给墙体模型。
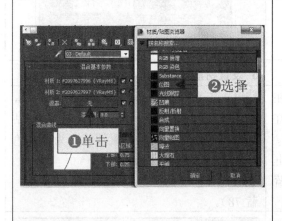	

5.3.2　编辑床上用品材质

1　设置材质类型	2　设置材质 1
❶选择一个未编辑的材质球，然后单击 Standard 按钮。 ❷在打开的"材质/贴图浏览器"对话框中选择"混合"选项，然后单击"确定"按钮。	❶在混合材质面板中展开"混合基本参数"展卷栏。 ❷单击"材质 1"选项后面的长方体按钮，对其进行设置。

 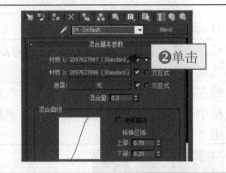

3 设置材质 1 反射参数	**4 设置材质 1 漫反射**
❶设置材质 1 为 VRayMtl 材质。 ❷在"反射"选项组中单击"高光光泽度"选项后面的 L 按钮，然后设置"高光光泽度"为 0.5、"反射光泽度"为 0.7。	❶单击"漫反射"选项后面的 ■ 按钮。 ❷在打开的"材质/贴图浏览器"对话框中选择"衰减"选项并确定。

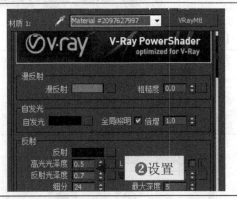 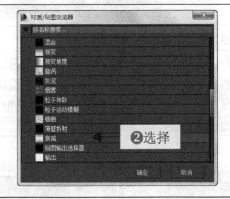

5 设置衰减颜色	**6 设置材质 2**
❶在衰减面板中单击"颜色 1"图块，在打开的对话框中设置颜色为棕红色（红60，绿27，蓝40）。 ❷单击"颜色 2"图块，在打开的对话框中设置颜色为棕红色（红 88，绿 39，蓝59）。	❶单击工具栏中的"转到父对象"按钮，然后使用同样的方法设置材质 2 漫反射贴图为"衰减"贴图，设置颜色 1 为棕红色（红 75，绿 4，蓝 33）。 ❷设置颜色 2 为棕红色（红 116，绿 52，蓝 78）。

 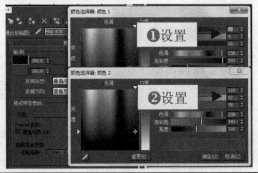

7 设置遮罩贴图	8 选择遮罩贴图对象
❶单击工具栏中的"转到父对象"按钮，然后单击"遮罩"选项后面的"无"按钮。 ❷在打开的"材质/贴图浏览器"对话框中选择"位图"选项并确定。	❶在打开"选择位图图像文件"对话框中选择并打开"黑白贴图 1.jpg"图像。 ❷将编辑好的材质指定给枕头模型。
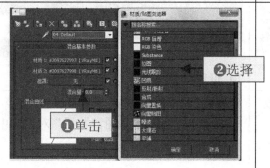	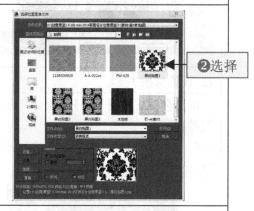
9 从对象拾取材质	10 设置漫反射贴图对象
❶选择一个未编辑的材质球，然后单击"从对象拾取材质"按钮。 ❷在场景中单击被子模型拾取其中的材质。	❶单击"漫反射"选项后面的█按钮。 ❷在打开的"材质/贴图浏览器"对话框中选择"衰减"选项并确定。
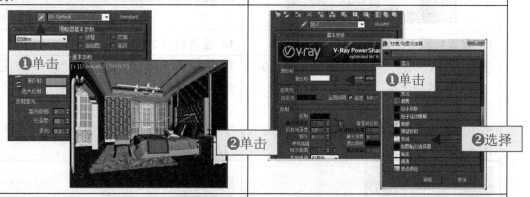	
11 设置衰减颜色	12 设置材质类型
❶在衰减面板中单击颜色图块，设置颜色 1 为黄色（红 250，绿 221，蓝 138）；设置颜色 2 为白色。 ❷将编辑好的材质指定给被子和地毯模型。	❶选择一个未编辑的材质球，单击 Standard 按钮。 ❷在"材质/贴图浏览器"对话框中选择"混合"选项并确定。

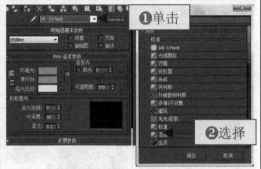

13 设置材质 1	**14 设置材质 1 类型**
❶在混合材质面板中展开"混合基本参数"展卷栏。 ❷单击"材质 1"选项后面的长方体按钮，对其进行设置。	❶在材质 1 面板中单击 Standard 按钮。 ❷在打开的"材质/贴图浏览器"对话框中选择 VRayMtl 选项并确定。

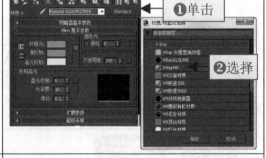

15 设置材质 1 颜色	**16 设置材质 2 颜色**
❶在"基本参数"展卷栏中单击"漫反射"选项右方的颜色块。 ❷在打开的"颜色选择器：漫反射"对话框中设置漫反射的颜色为土黄色，然后单击"确定"按钮。	❶单击工具栏中的"转到父对象"按钮，然后设置材质 2 为 VRayMtl 材质，然后单击"漫反射"选项右方的颜色块。 ❷设置漫反射的颜色为土黄色，然后单击"确定"按钮。

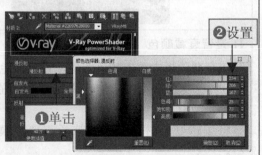

17 设置遮罩贴图	18 选择遮罩贴图对象
❶单击工具栏中的"转到父对象"按钮，然后单击"遮罩"选项后面的"无"按钮。 ❷在打开的"材质/贴图浏览器"对话框中选择"位图"选项并确定。	❶在打开"选择位图图像文件"对话框中选择并打开"黑白贴图 3.jpg"图像。 ❷将编辑好的材质指定给床上的横毯模型。
	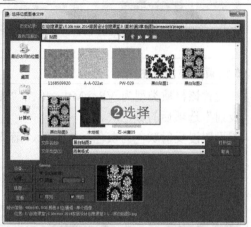

5.3.3　编辑卧室吊灯材质

1 拾取灯罩对象材质	2 设置材质漫反射颜色
❶选择一个未编辑的材质球，然后单击"从对象拾取材质"按钮。 ❷在场景中单击吊灯的灯罩模型拾取其中的材质。	❶设置该材质类型为 VRayMtl，单击"漫反射"选项后的颜色块。 ❷设置漫反射颜色为土黄色（红 209，绿175，蓝 127）。
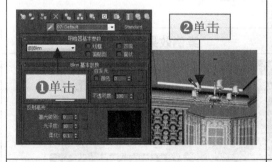	
3 设置材质折射	4 拾取灯架对象材质
❶向上拖动材质面板，在"折射"选项组中单击"折射"选项后的颜色块。 ❷在打开的对话框中设置折射颜色为灰色（红、绿、蓝均为 124）。	❶选择一个未编辑的材质球，然后单击"从对象拾取材质"按钮。 ❷在场景中单击吊灯的灯架模型拾取其中的材质。

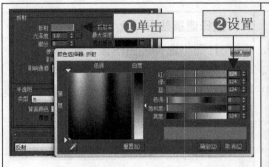 

5 设置材质漫反射	**6 设置材质反射**
❶设置该材质类型为 VRayMtl，单击"漫反射"选项后的颜色块。 ❷设置漫反射颜色为灰色（红、绿、蓝均为 34）。	❶在"反射"选项组中单击"反射"选项后的颜色块。 ❷在打开的对话框中设置反射颜色为灰色（红、绿、蓝均为 126），完成材质的编辑。

5.4 创建卧室灯光

文件路径	案例效果
实例： 随书光盘\实例\第 5 章	
素材路径： 随书光盘\素材\第 5 章	
教学视频路径： 随书光盘\视频教学\第 5 章	

设计思路与流程

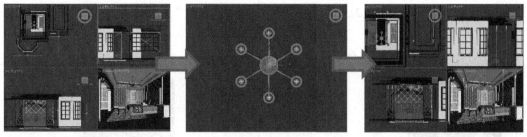

创建主光源 创建局部照明 创建灯带和射灯

制作关键点

在本例的制作中，创建局部灯光和射灯灯光是比较关键的地方。

● 创建局部灯光 本例中需要创建的局部灯光重点包括对床铺和灯罩的照明。对床
铺进行照明可以直接使用 VR 灯光并设置其强度和颜色即可，对灯罩进行照明，
也可以使用 VR 灯光，但需要将灯光类型设置为"球体"。

● 创建射灯灯光 在本例中，创建射灯灯光使用了目标灯光。在灯光类型下拉列表
中选择"光度学"选项，然后单击"目标灯光"按钮，在视图中创建一个目标灯
光，然后指定光域网灯光素材。

5.4.1 创建卧室主光源

1 选择 VR 灯光	**2 创建 VR 灯光**
❶在"灯光"命令面板中单击灯光类型的下拉按钮，然后选择 VRay 选项。 ❷在"灯光"面板中单击"VR 灯光"按钮。	❶在前视图中单击并拖动鼠标，创建一盏 VR 灯光。 ❷在左视图中对创建的 VR 灯光进行适当移动。
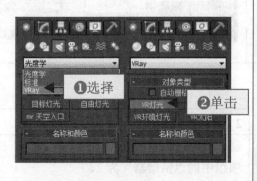	

3 设置灯光参数	4 设置灯光选项
❶在"修改"命令面板中设置"强度"选项组中的"倍增器"为1.2。 ❷单击颜色块。 ❸设置灯光为蓝色（红145,绿192,蓝255）。	❶将"参数"面板向上拖动。 ❷在"选项"选项组中选中"不可见"复选框。

专业提示：在修改灯光的选项参数后，再次创建同类型的灯光时，将保持使用修改后的选项参数。

5 创建 VR 灯光	6 设置灯光参数
❶使用"VR 灯光"命令在前视图中单击并拖动鼠标，创建一盏 VR 灯光。 ❷在左视图中对创建的 VR 灯光进行适当移动。	❶在"修改"命令面板中设置"强度"选项组中的"倍增器"为3。 ❷单击颜色块。 ❸设置灯光为蓝色（红 118，绿 189，蓝 255）。
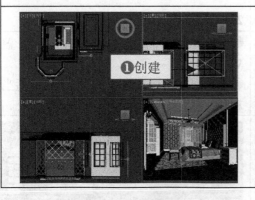	

5.4.2　创建卧室局部照明

1 创建床铺照明灯光	2 设置灯光参数
❶切换到顶视图中，使用"VR 灯光"命令在床铺上方单击并拖动鼠标，创建一盏 VR 灯光。 ❷在左视图中对创建的 VR 灯光进行适当移动，对床铺进行照明。	❶在"修改"命令面板中设置"强度"选项组中的"倍增器"为2。 ❷单击颜色块。 ❸设置灯光为黄色（红 255，绿 231，蓝 189）。

3 创建窗户照明灯光	4 设置灯光参数
❶隐藏创建的灯光，然后切换到前视图中，使用"VR 灯光"命令单击并拖动鼠标，创建一盏 VR 灯光。 ❷在顶视图中对创建的 VR 灯光进行适当移动。	❶在"修改"命令面板中设置"强度"选项组中的"倍增器"为 2。 ❷单击颜色块。 ❸设置灯光为蓝色（红 142，绿 206，蓝 255）。

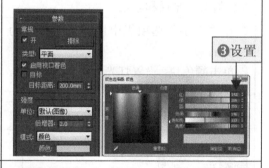

5 复制并旋转 VR 灯光	6 创建并设置 VR 灯光
❶切换到顶视图中，然后对刚创建的 VR 灯光进行多次复制。 ❷单击工具栏中的"选择并旋转"按钮，对各个 VR 灯光进行适当旋转。	❶使用"VR 灯光"命令在前视图中创建一盏 VR 灯光，对另一个窗户进行照明。 ❷在"强度"选项组中设置"倍增器"为 1.2。 ❸单击颜色块，设置灯光为蓝色（红 118，绿 189，蓝 255）。

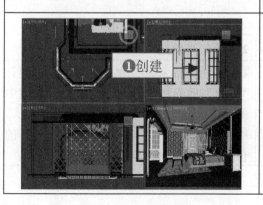
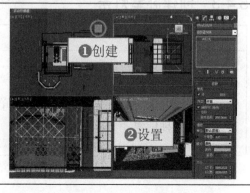

7 创建灯罩照明灯光	8 设置灯光参数
❶隐藏吊灯以外的所有对象，使用"VR灯光"命令创建一盏 VR 灯光。 ❷在顶视图和前视图中对创建的 VR 灯光进行适当移动。	❶进入"修改"命令面板，在"类型"下拉列表中选择"球体"选项。 ❷在"强度"选项组中设置"倍增器"为5。
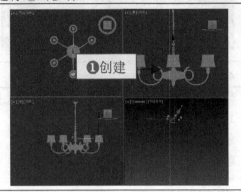	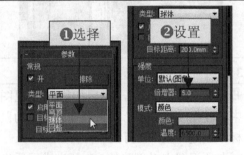
9 设置灯光半径和颜色	10 复制球体灯光
❶在"大小"选项组中设置"半径"为36mm。 ❷单击颜色块，设置灯光为黄色（红 255，绿 179，蓝 89）。	❶切换到顶视图中，对刚创建的 VR 球体灯光进行多次复制。 ❷将各个球体灯光依次移动到灯罩模型内。
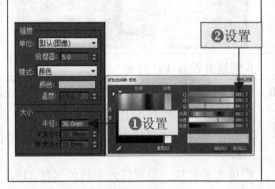	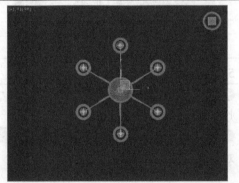

5.4.3 创建卧室灯带

1 创建 VR 灯光	2 设置灯光参数
❶显示所有的模型，并隐藏创建的灯光，然后将顶视图转换为底视图。 ❷使用"VR 灯光"命令在吊顶模型处单击并拖动鼠标创建一个 VR 灯光。	❶将灯光向上移动到吊顶的灯槽内。展开"参数"展卷栏，设置"强度"选项组中的"倍增器"值为4。 ❷设置"大小"选项组中的"1/2 长"的值为 68mm、"1/2 宽"的值为 1520mm。

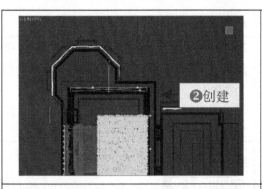

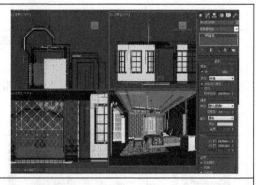

3 设置灯光选项和颜色	4 创建其他灯带灯光
❶在"强度"选项组中单击颜色图标。 ❷在打开的"颜色选择器"对话框中设置颜色为黄色（红 255，绿 191，蓝 116）。	❶使用"VR 灯光"命令在卧室其他三个方向的灯槽处各创建一盏 VR 灯光。 ❷将灯光向上移动到对应的灯槽内，并调整整个灯光的大小。

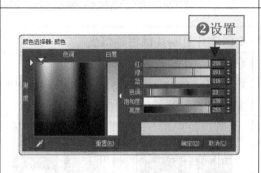

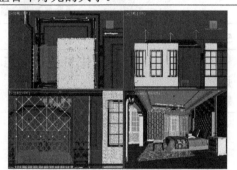

5.4.4　创建卧室射灯

1 创建目标灯光	2 设置灯光阴影和类型
❶ 在灯光类型下拉列表中选择"光度学"选项，然后单击"目标灯光"按钮。 ❷在左视图中单击并拖动鼠标创建一个目标灯光，并将其移动到射灯模型下方。	❶选择"修改"命令面板，展开"常规参数"展卷栏，在"阴影"选项组中选中"启用"复选框。 ❷在"灯光分布（类型）"下拉列表中选择"光度学 Web"选项。

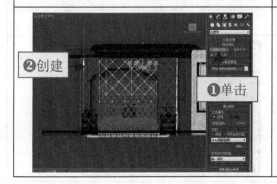

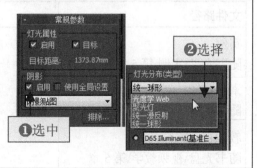

3 选择灯光素材	4 设置灯光强度
❶在产生的"分布（光度学 Web）"展卷栏中单击"<选择光度学文件>"按钮。 ❷在打开的"打开光域 Web 文件"对话框中选择并打开"15.IES"灯光素材。	❶展开"强度/颜色/衰减"展卷栏，在"强度"选项组中选中 lm 选项，设置强度值为 3500。 ❷单击颜色块，设置灯光颜色为黄色（红 255，绿 185，蓝 103）。
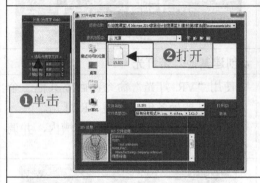	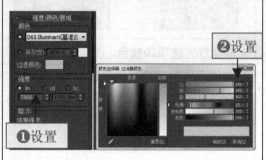
5 复制灯光	6 创建并复制其他目标灯光
❶选择刚创建的灯光，按住 Shift 键并拖动灯光进行复制。 ❷将灯光分布在右方的各个射灯下。	❶创建一个目标灯光并将其复制 4 次。 ❷选择"15.IES"灯光素材作为光域网对象，设置灯光强度为 1000lm。

5.5 渲染卧室效果图

文件路径	案例效果
实例： 随书光盘\实例\第 5 章	
素材路径： 随书光盘\素材\第 5 章	
教学视频路径： 随书光盘\视频教学\第 5 章	

设计思路与流程

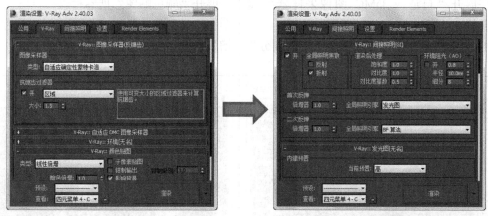

设置 V-Ray 参数　　　　　　　　　　　　　　　设置间接照明

制作关键点

在本例的制作中，设置图像采样器和间接照明参数是比较关键的地方。

- 图像采样器设置　在"渲染设置"对话框中选择 V-Ray 选项卡，需要设置图像采样器、抗锯齿等参数。
- 间接照明设置　在"渲染设置"对话框中选择"间接照明"选项卡，需要打开"间接照明"功能，然后设置发光图、强算全局光等参数。

5.5.1　设置图像采样器

1 选择图像采样器	2 设置抗锯齿过滤器参数
❶选择"渲染"|"渲染设置"命令，打开"渲染设置"对话框。 ❷选择 V-Ray 选项卡。 ❸展开"图像采样器（反锯齿）"展卷栏。在"类型"下拉列表中选择"自适应确定性蒙特卡洛"选项。	❶在"抗锯齿过滤器"选项组中选中"开"复选框。 ❷设置"大小"值为 1.5。

3 设置细分值	4 设置颜色贴图
❶展开"自适应 DMC 图像采样器"展卷栏。 ❷设置"最小细分"值为2、"最大细分"值为6。	❶展开"颜色贴图"展卷栏。 ❷在"类型"下拉列表框中选择"线性倍增"选项。

5.5.2 设置间接照明

1 选中"开"复选框	2 设置发光图
❶选择"间接照明"选项卡。 ❷展开"间接照明（GI）"展卷栏，选中"开"复选框，保持其他选项不变。	❶展开"发光图[无名]"展卷栏。 ❷单击"当前预置"下拉列表框，然后选择"高"选项。
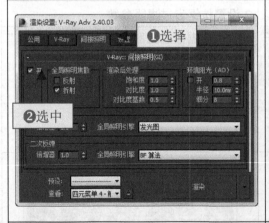	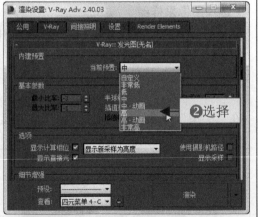
3 设置强算全局光	**4 设置焦散**
❶展开"BF 强算全局光"展卷栏。 ❷设置"二次反弹"值为3。	❶展开"焦散"展卷栏。 ❷选中"开"复选框，设置"最大光子"值为60。

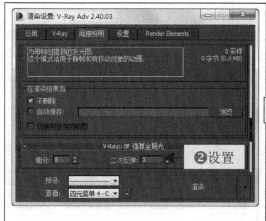

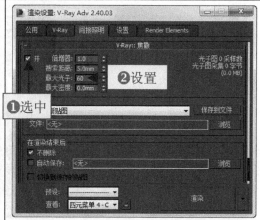

5.5.3　渲染场景图像

1　设置输出大小	2　单击"文件"按钮
❶在"渲染设置"对话框中选择"公用"选项卡。 ❷展开"公用参数"展卷栏，在"输出大小"选项组中设置"宽度"为 1200、"高度"为 900。	❶在"渲染设置"对话框中向下拖动滚动条。 ❷在"公用参数"展卷栏的"渲染输出"选项组中单击"文件"按钮。
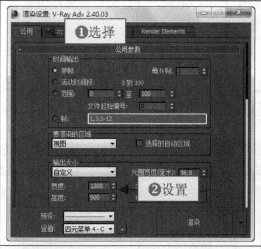	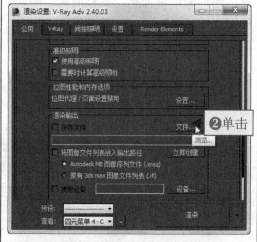
3　设置图像保存路径	4　渲染场景
❶在"渲染输出文件"对话框中指定输出图像的位置。 ❷设置文件的保存类型和名称。 ❸单击"保存"按钮进行确定。	❶选择摄影机视图作为渲染对象。 ❷单击"渲染设置"对话框中的"渲染"按钮，即可对场景进行渲染，完成本实例的制作。

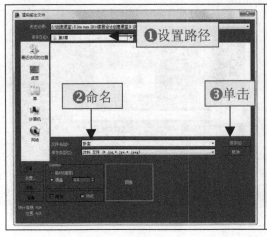

5.6 设计深度分析

在卧室设计中，子女房只要在区域上为他们做一个大体的界定，分出大致的休息区、阅读区及衣物储藏区就足够了，室内色彩是设计子女房的要点；儿童房间容易弄脏，装饰时应采用可以清洗及更换的材料，最适合装饰儿童房间的材料是防水漆和塑料板，而高级壁纸及薄木板等不宜使用；客卧和保姆房应该简洁、大方，房内具备完善的生活条件，但都应造型简单、色彩清爽。因此，按个人年龄不同，卧室装修的风格也就有所区别。

1. 儿童卧室

在必备家具的设置上，首先应该满足儿童阅读、写字、玩电脑、更衣的功能，其次要满足儿童天真、活泼的个性。在墙角处或窗两侧放置木制角柜，把儿童玩具、工艺品、宠物造型及生活照片摆放其中，点缀空间，如左下图所示。

墙面涂料应以儿童性别、年龄及爱好而定，最好是浅色调，还要与家具颜色相匹配。地面最好用复合木地板或地砖，地砖颜色很重要，要整体考虑，做到简洁、明快、容易清洗。床罩、窗帘的选择、色调选用要合理，图案要满足儿童的个性。光源要亮一点，尤其是写字桌旁，如右下图所示。

儿童卧室 1   儿童卧室 2

2. 中青年卧室

中青年卧室的设计要结合自身的经历、阅历、爱好进行全盘考虑。整体墙面颜色要略暗一些，要考虑与家具颜色及个性相结合。床罩、窗帘整体要协调，床头上方应配以油画等点缀物，梳妆台摆放应以床头两侧及墙角为最佳位置。如需木制作，应考虑在卧室柜（或多用柜）之中配以灯光，这样会使室内整体效果更佳。地面应以地砖、木地板为主，颜色应与家具、涂料颜色相匹配。灯光配置除顶灯外，地灯、床头灯也可在考虑之内，灯光颜色应以柔和的光线为宜，如左下图所示。

3. 老年人卧室

老年人由于年岁及身体原因，行动可能不便，所以卧室设计首先要考虑这一特性。老年人卧室中的家具要简洁，床两侧尽可能要宽敞一些，使老人活动方便。光线一定要以柔和为主。地面应以铺设木地板为宜，以满足老人行走安全。另外，窗帘以暗色调为主，室内保暖、通风是必须条件，如右下图所示。

中青年卧室　　　　　　　　　　　　　　　老年人卧室

第 6 章　制作厨房效果图

学习目标

厨房需要依照家庭成员的身高、色彩偏好、烹饪习惯及厨房空间结构，并结合人体工程学、工程材料学进行科学合理的设计。在进行厨房设计时，需要将橱柜、厨具和其他厨用家电家具按其形状、尺寸及使用要求进行合理布局。

在本章的学习中，将学习厨房的表现方法。在绘制厨房效果图之前，首先介绍厨房的设计理念，通过理论结合实战对厨房效果的制作进行详细讲解。

效果展示

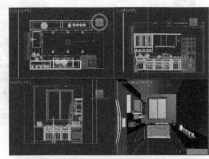

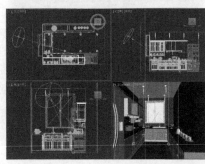

6.1　厨房设计基础

厨房中的洗菜池、冰箱及灶台都要安放在适当位置，最理想的是呈三角形。在进行厨房设计时，需要注意以下一些原则。

● 不要将水池与灶台放置在不同的操作台面上或距离太远。如在 U 形厨房中，将水池与灶台分别设置在 U 形的两个长边上，或在岛形厨房中，一方沿墙而放，另一方则放在岛形工作台上。由于热锅、清洗后的蔬菜、刚煮熟的面条经常在水池与灶台之间挪动，因此锅里的水会滴落在二者之间的地板上。

● 不要将灶台安放在厨房的角落里。有些厨房的格局设计很不合理，烟道采用墙垛的形式，燃气管道预留在烟道附近，很多人想当然地将灶台紧贴烟道墙安放。这样，操作者的胳膊肘会在炒菜时经常磕到墙壁上，否则只能伸长胳膊操作或放弃使用贴墙灶眼烹炒食物。

因此，灶台距离墙面至少要保留 40cm 的侧面距离，才能有足够空间让操作者自如地工作。这段自由空间可以用台面连接起来，成为便利有用的工作平台。而灶台下面最好放置烤箱，这种搭配会带给使用者更多的便利。

● 习惯中餐的家庭通常需要将灶台设置在岛形工作台上。岛形设计越来越多地被应用于开放式厨房中，如果厨房只是一种展示，这种格局会让用户心满意足，但是在烹制中餐时，锅里的油烟会四处飞溅，每餐下来，岛形工作台上，甚至附近的地面都很油腻。

● 操作台采用同样的高度。现在多数家庭的所有操作台面都采用统一高度，即 80cm 左右，或根据主要操作者的身高略有调整。但就厨房中的每项工作来说，并非这一高度都非常舒适。

● 灶台的位置应靠近外墙，这样便于安装脱排油烟机。窗前的位置最好留给调理台，因为在这部分工作花费的时间最多，抬头看着窗外的美景，吹吹和煦的暖风，让操作者有份好心情。

● 注意吊柜、底柜的开门形式。如果吊柜门进行侧开，操作者要拿取旁边操作区的物品，稍不留意，头部就会撞到门。而存放在底柜下层的物品，则必须要蹲下身才能拿到。为了取用方便，最常用的物品应该放在距地高度为 70～185cm，这段区域被称为舒适存储区。吊柜的最佳距离地面高度为 145cm，为了在开启时使用方便，可将柜门改为向上折叠的气压门。吊柜的进深也不能过大，40cm 最合适。而底柜最好采用大抽屉柜的形式，即使是最下层的物品，拉开抽屉就能触手可及，免去蹲下身手伸向里面取东西的麻烦。

● 餐桌不宜紧邻灶台。在开放式厨房中，餐厅与厨房连在一起，这时，采用最多的是岛形格局。有些业主喜欢将岛形工作台设计为烹饪区或洗涤区，并将餐桌与其紧密相连，希望以这样方式让烹饪者随时能与家人交流。但在使用中会发现，油烟、水会不停地溅在餐桌上。为了让家人有一个良好的就餐环境，餐桌最好远离灶台。

● 整体厨房的要领是将厨房中的所有物品，包括餐具、锅具、炊具，以及电器全部放置于橱柜之中，使厨房整齐统一。不要将冰箱随意放置在厨房中的某一位置，甚至于放在厨房之外的角落里或餐厅里，随意摆放冰箱会让操作者在使用中多走很多路。冰箱放置的位置与开门间距至少为 70cm，这样打开门的时候就不会挡住冰箱。

6.2 绘制厨房模型

文件路径	案例效果
实例： 随书光盘\实例\第 6 章	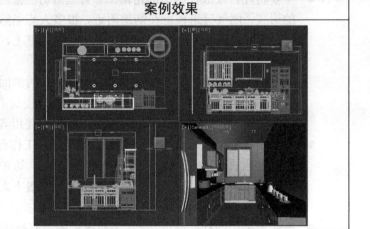
素材路径： 随书光盘\素材\第 6 章	
教学视频路径： 随书光盘\视频教学\第6章	

设计思路与流程

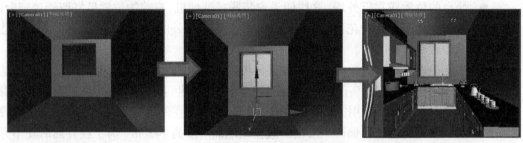

绘制厨房墙体　　　　　　　　绘制厨房窗户　　　　　　　　绘制水龙头和筒灯

制作关键点

在本例的制作中，厨房墙体、窗户、水龙头和筒灯的制作是比较关键的地方。

- 厨房墙体　绘制厨房墙体时，可以使用长方体模型,先要设置好长方体的分段数，然后对其添加"法线翻转"修改器，再将其转换为可编辑多边形进行编辑。
- 厨房窗户　绘制厨房窗户时，可以使用矩形图形，先用矩形进行轮廓编辑，再对其添加"挤出"修改器。
- 水龙头　绘制水龙头时，可以使用管状体，先设置好管状体的分段，然后对其添加"弯曲"修改器。
- 筒灯　绘制筒灯的灯圈时，可以使用圆环图形，然后对其添加"倒角"修改器；绘制筒灯灯片时，可以使用圆图形，然后对其添加"挤出"修改器。

6.2.1　绘制厨房墙体

1 设置单位比例	**2 设置系统单位**
❶选择"自定义"|"单位设置"命令，打开"单位设置"对话框。 ❷在"公制"下拉列表中选择"毫米"选项。	❶单击"系统单位设置"按钮。 ❷在打开的"系统单位设置"对话框中设置"1 单位=1.0 毫米"。 ❸单击"确定"按钮关闭对话框。

3 绘制长方体	**4 翻转法线**
❶使用"长方体"命令在顶视图中绘制一个长方体。 ❷选择"修改"命令面板，设置长方体的长、宽、高及其分段。	❶在"修改器列表"中选择"法线"命令。 ❷在"参数"展卷栏中选中"翻转法线"复选框。
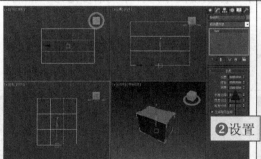	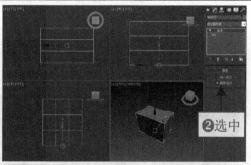
5 创建摄影机	**6 删除长方体的面**
❶在视图中创建一个摄影机。 ❷在"修改"命令面板中设置"镜头"为24mm。 ❸将透视图转换为摄影机视图。	❶将长方体转换为可编辑多边形。 ❷在摄影机视图中将正前方的 9 个面删除。

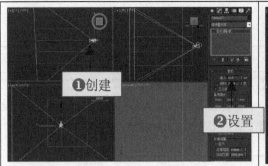

7 绘制参照长方体	**8 调整边的位置**
❶在左视图中绘制一个长方体。 ❷在"修改"命令面板中设置其长与宽。	❶选中前面绘制的框架对象。 ❷在"修改器堆栈"中选择"边"选项。 ❸在左视图中以刚绘制的长方体为参照，调整框架的边。

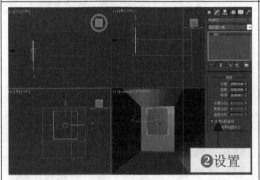 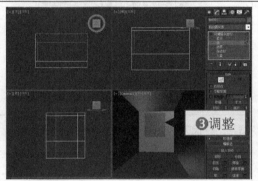

9 挤出多边形元素	**10 删除面和参照对象**
❶在"修改器堆栈"中选择"多边形"选项。 ❷在左视图中选择中间的面。 ❸在"编辑多边形"展卷栏中单击"挤出"按钮，设置挤出值为–260mm。	❶在左视图中选择中间的多边形，然后按Detele 键将选择的多边形删除。 ❷选择并删除作为参照对象的长方体。

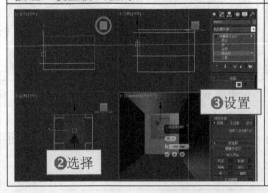 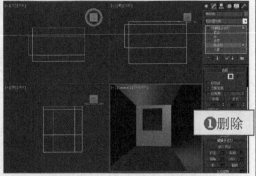

11 分离地面	12 命名分离对象
❶选中框架下方的 3 个多边形。 ❷在"编辑几何体"展卷栏中单击"分离"按钮。	❶在打开的"分离"对话框中将分离对象命名为"地面"。 ❷单击"确定"按钮。 ❸使用同样的操作将顶面模型分离出来。
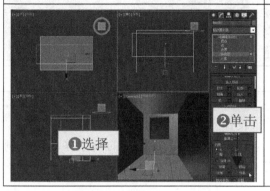	

6.2.2　绘制厨房窗户

1 创建矩形	2 修改矩形
❶在左视图中使用"矩形"命令创建一个矩形。 ❷设置矩形的"长度"为 1380mm、"宽度"为 1200mm。	❶将矩形转换为可编辑样条线。 ❷在"修改"命令面板的"修改器堆栈"中选择"样条线"选项。 ❸在"几何体"展卷栏中设置"轮廓"值为 40mm。
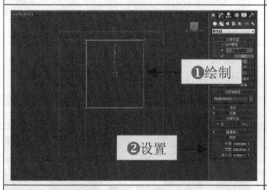	
3 挤出窗户外框	4 绘制矩形
❶在"修改器列表"中选择"挤出"命令，设置挤出的数量为 260mm。 ❷在顶视图中将挤出的模型移动到窗洞内。	❶在左视图中使用"矩形"命令创建一个矩形。 ❷设置矩形"长度"为 1290mm、"宽度"为 580mm。

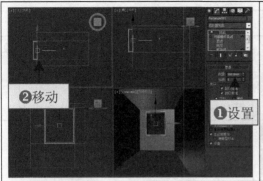

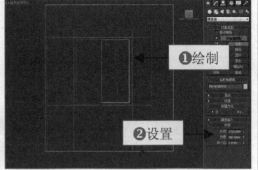

5 修改矩形	**6 挤出窗户边框**
❶将矩形转换为可编辑样条线。 ❷在"修改"命令面板的"修改器堆栈"中选择"样条线"选项。 ❸在"几何体"展卷栏中设置"轮廓"值为40mm。	❶在"修改器列表"中选择"挤出"命令，设置挤出的数量为40mm。 ❷在顶视图中将挤出的模型移动到窗洞内。

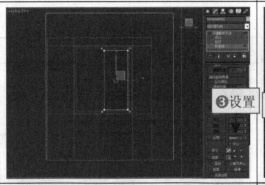

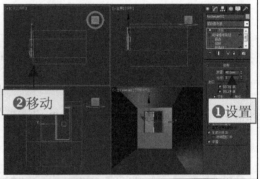

7 复制窗户模型	**8 绘制外景模型**
❶在按住 Shift 键的同时，拖动绘制的窗户模型，对其进行复制。 ❷对复制的窗户模型进行适当移动。	❶使用"长方体"命令在顶视图中绘制一个长方体作为外景模型。 ❷在"修改"命令面板对长方体的大小进行适当调整。

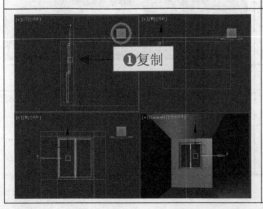

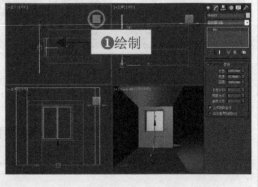

> 专业提示：由于窗户玻璃是透明的，且本例中要显示窗户的外景效果，因此，这种情况下通常可以省略窗户的玻璃模型，如果要绘制该模型，就需要在后期中将其材质设置为透明效果。

6.2.3　绘制水龙头

1 合并模型	2 创建管状体
❶单击程序图标，在弹出的菜单中选择"导入"|"合并"命令。 ❷依次将冰箱、厨柜、水池等模型合并在场景中，并适当调整各个模型的位置。	❶隐藏水池以外的所有模型。 ❷使用"管状体"命令在顶视图中绘制一个"半径 1"为 15mm、"半径 2"为 20mm、"高度"为 500mm、"高度分段"为 24mm 的管状体。 ❸对管状体的位置进行适当调整。
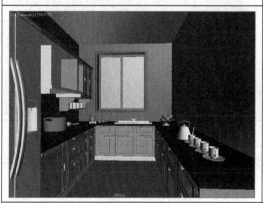	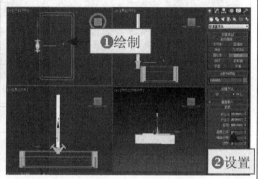
3 弯曲管状体	**4 创建水龙头喷口**
❶选择"修改"命令面板，在"修改列表器"中选择"弯曲"修改器。 ❷设置弯曲"角度"为 180、"上限"为 280。 ❸在"修改器堆栈"中选择 Gizmo 选项，然后在前视图中调整 Gizmo 的位置。	❶使用"圆锥体"命令在顶视图中创建一个"半径 1"为 15cm、"半径 2"为 20cm、"高度"为 30cm 的圆台体。 ❷将圆台体移动到水龙头喷口处。
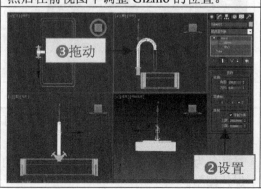	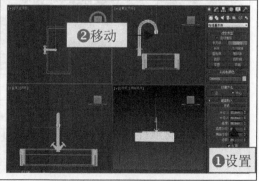

6.2.4 绘制筒灯

1 绘制圆环模型	2 创建灯圈模型
❶隐藏所有的模型，然后单击"图形"命令面板中的"圆环"按钮。 ❷在顶视图中单击并拖动鼠标，创建一个圆环。 ❸设置"半径1"为35mm、"半径2"为45mm。	❶选择"修改"命令面板，在"修改器列表"中选择"倒角"命令。 ❷展开"倒角值"展卷栏，设置"级别1"选项组中的"高度"值为4mm、"轮廓"值为3.5mm。
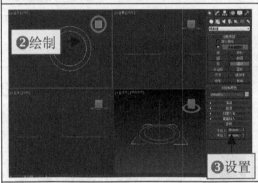	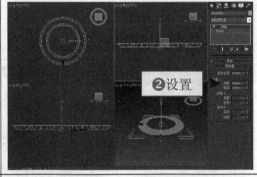
3 绘制圆形	4 创建灯片模型
❶使用"圆"命令在顶视图中绘制一个圆形。 ❷设置圆的"半径"为40mm，然后将圆形移动到筒灯模型内。	❶选择"修改"命令面板，在"修改器列表"中选择"挤出"命令。 ❷设置挤出的数量为2mm。
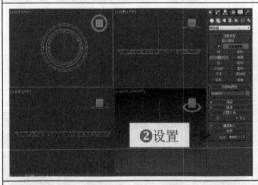	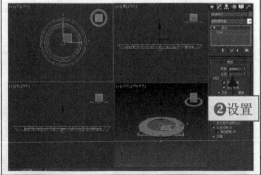
5 指定灯圈材质	6 指定灯片材质
❶按下M键，打开"材质编辑器"对话框。 ❷选择一个材质样本球，将其命名为"灯圈"，将其指定给场景中的灯圈模型。	❶选择另一个材质样本球,将其命名为"灯片"。 ❷将名为"灯片"的材质指定给场景中的灯片模型。

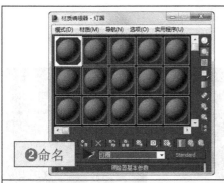
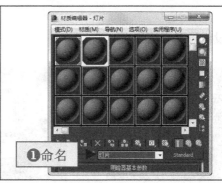

专业提示：在效果图的制作过程中，通常都是依照先建模，然后统一编辑材质的流程。但是如果要对模型进行群组和复制时，则可以先指定好材质，再进行群组和复制，这样可以避免为同种模型反复指定材质的操作。

7　群组筒灯模型	8　复制筒灯模型
❶在场景中选择灯圈和灯片模型。 ❷选择"组"|"组"命令，在打开的"组"对话框中命名组对象为"筒灯"并确定。	❶将筒灯模型移动到顶面模型上，然后将其复制 5 次。 ❷在顶视图中适当调整射灯模型的位置，完成本实例模型的创建。
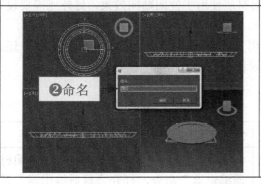	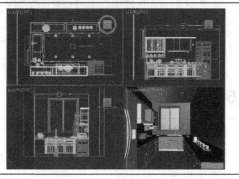

6.3　编辑厨房材质

文件路径	案例效果
实例： 随书光盘\实例\第 6 章	
素材路径： 随书光盘\素材\第 6 章	
教学视频路径： 随书光盘\视频教学\第 6 章	

设计思路与流程

| 编辑筒灯材质 | 编辑框架材质 | 编辑外景材质 |

制作关键点

在本例的材质编辑中，筒灯材质、墙、地面材质和外景材质的制作是比较关键的地方。

- 筒灯材质 在本例中，灯圈材质使用了金属属性，需要设置材质的漫反射和折射参数；灯片材质使用了"VR 发光材质"类型，需要设置材质的颜色和强度参数。
- 墙、地面材质 在本例中的墙、地面材质使用了位图贴图效果，另外还需要设置材质的反射效果。
- 外景材质 在本例中，外景材质使用了"VR 发光材质"类型，除此之外，还需要为材质指定位图贴图效果，并设置材质的颜色和强度参数。

6.3.1 编辑筒灯材质

1 选择渲染器	2 修改灯圈材质类型
❶选择"渲染"|"渲染设置"命令，打开"渲染设置"对话框。 ❷展开"指定渲染器"展卷栏，单击"产品级"选项后的"选择渲染器"按钮⊡。 ❸在打开的"选择渲染器"对话框中选择V-Ray RT 2.40.03 选项并确定。	❶选择"渲染"|"材质编辑器"|"精简材质编辑器"命令，打开"材质编辑器"对话框。 ❷选择名为"灯圈"的材质球，然后单击Standard 按钮。 ❸在打开的"材质/贴图浏览器"对话框中选择 VRayMtl 选项并确定。
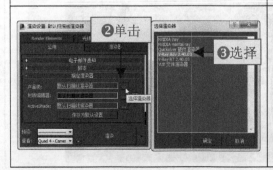	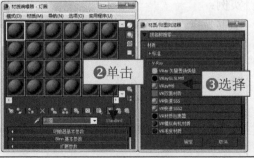

3 设置漫反射和光泽度	4 设置反射颜色
❶在 VR 材质面板中单击"漫反射"选项的颜色块，设置该颜色为白色。 ❷设置"高光光泽度"为 0.85、"反射光泽度"为 0.98。	❶单击"反射"选项的颜色块。 ❷在打开的"颜色选择器：反射"对话框中设置反射颜色为灰色（红、绿、蓝均为 185）并确定。
	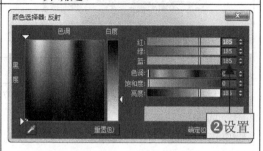
5 修改灯片材质类型	6 设置材质参数
❶选择名为"灯片"的材质球，然后单击 Standard 按钮。 ❷在"材质/贴图浏览器"对话框中选择"VR 灯光材质"选项并确定。	❶在"参数"展卷栏中单击颜色块，设置材质颜色为白色。 ❷在"颜色"选项后面设置强度值为 3。
	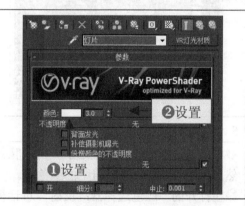

6.3.2　编辑厨房框架材质

1 设置顶面和窗户材质	2 设置墙面材质
❶选择一个未编辑的材质球，设置材质类型为 VRayMtl 材质。 ❷单击"漫反射"选项后面的颜色块，设置颜色为白色，将该材质指定给顶面和窗户模型。	❶选择下一个材质球，设置该材质类型为 VRayMtl。 ❷在 VR 材质面板中单击"漫反射"选项后的■按钮。

3 设置贴图类型	**4 设置贴图对象**
❶在"材质/贴图浏览器"对话框中选择"位图"选项。 ❷单击"确定"按钮选择位图作为漫反射的贴图类型。	❶在打开的"选择位图图像文件"对话框中选择"墙面砖.jpg"图像文件。 ❷单击"打开"按钮选择该图形作为漫反射的贴图。

5 设置反射颜色	**6 设置墙体 UVW 贴图**
❶单击工具栏中的"转到父对象"按钮，然后单击"反射"选项组中的颜色块。 ❷在打开的"颜色选择器：反射"对话框中设置反射颜色为灰色（红、绿、蓝均为25）并确定。 ❸将编辑好的材质指定给墙体模型。	❶选择墙体模型，然后在"修改器列表"中选择"UVW 贴图"命令。 ❷选择"长方体"贴图类型，设置"长度"和"高度"为 500mm、"宽度"为 300mm。

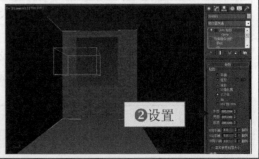

7 设置地面材质	8 设置贴图对象
❶选择下一个材质球，设置该材质类型为 VRayMtl。 ❷在 VR 材质面板中单击"漫反射"选项后的▉按钮，在"材质/贴图浏览器"对话框中选择"位图"选项并确定。	❶在打开的"选择位图图像文件"对话框中选择"防滑地砖.jpg"图像文件。 ❷单击"打开"按钮选择该图像作为漫反射的贴图。
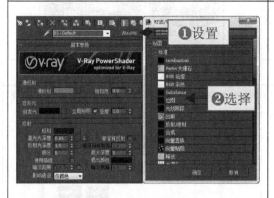	
9 设置反射颜色	10 设置地面 UVW 贴图
❶单击工具栏中的"转到父对象"按钮，然后单击"反射"选项组中的颜色块。 ❷在打开的"颜色选择器：反射"对话框中设置反射颜色为灰色（红、绿、蓝均为30）并确定。	❶选择地面模型，将编辑好的材质指定给地面模型，然后在"修改器列表"中选择"UVW 贴图"命令。 ❷选择"平面"贴图类型，设置"长度"和"宽度"为 400mm。

6.3.3　编辑厨房外景材质

1 拾取灯罩对象材质	2 设置材质参数
❶选择一个未编辑的材质球，然后单击 Standard 按钮。 ❷在"材质/贴图浏览器"对话框中选择"VR 灯光材质"选项并确定。	❶在"参数"展卷栏中的"颜色"选项后面设置强度值为 1.5。 ❷单击"颜色"选项后的颜色块，设置颜色为灰色（红、绿、蓝均为 176）。

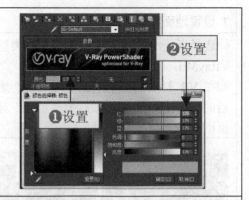

3 设置材质贴图	**4 设置贴图对象**
❶单击"颜色"选项后的"无"按钮。 ❷在打开的"材质/贴图浏览器"对话框中选择"位图"选项并确定。	❶在打开的"选择位图图像文件"对话框中选择并打开"外景.jpg"图像文件。 ❷将该材质指定给外景模型。

5 设置水龙头材质	**6 设置漫反射和反射**
❶选择一个未编辑的材质球，设置材质类型为 VRayMtl。 ❷在"反射"选项组中设置"高光光泽度"为 0.85、"反射光泽度"为 0.98。	❶设置漫反射的颜色为白色。 ❷设置反射的颜色为灰色（红、绿、蓝均为 185）。 ❸将该材质指定给水龙头模型。

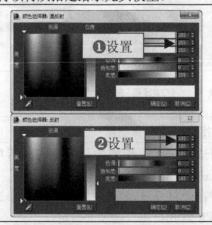

6.4 创建厨房灯光

文件路径	案例效果
实例: 随书光盘\实例\第 6 章	
素材路径: 随书光盘\素材\第 6 章	
教学视频路径: 随书光盘\视频教学\第 6 章	

设计思路与流程

创建室内照明光   创建射灯光源   创建太阳光

制作关键点

在本例的制作中,创建射灯灯光和太阳光是比较关键的地方。

● 创建射灯灯光 在本例中,创建射灯灯光使用了目标灯光。在灯光类型下拉列表中选择"光度学"选项,然后单击"目标灯光"按钮,在视图中创建一个目标灯光,然后指定光域网灯光素材。

● 创建太阳光 在本例中,创建太阳光使用了"VR 太阳"光源,创建该光源要注意调整光源的投射点和目标点的位置,并且对光源的大小和强度进行适当的调整。另外,还可以使用 VR 灯光进行辅助照明。

6.4.1 创建室内光

1 选择 VR 灯光	2 创建 VR 灯光
❶在"灯光"命令面板中单击灯光类型的下拉按钮,然后选择 VRay 选项。 ❷在"灯光"面板中单击"VR 灯光"按钮。	❶在顶视图中单击并拖动鼠标,创建一盏 VR 灯光。 ❷在左视图中对创建的 VR 灯光进行适当移动,对厨柜上方的模型进行照明。

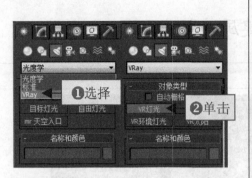

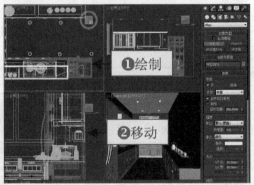

3 设置灯光参数	4 设置灯光选项
❶在"修改"命令面板中设置"强度"选项组中的"倍增器"为5。 ❷单击颜色块。 ❸设置灯光为橘红色（红237，绿185，蓝150）。	❶将参数面板向上拖动。 ❷在"选项"选项组中选中"不可见"复选框。

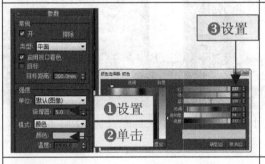

5 复制 VR 灯光	6 创建目标灯光
❶选择刚创建的 VR 灯光，按住 Shift 键并拖动灯光进行复制。 ❷在顶视图中对复制的灯光进行适当移动。	❶在灯光类型下拉列表中选择"光度学"选项，然后单击"目标灯光"按钮。 ❷在前视图中创建一个目标灯光，并将其移动到射灯模型下方。

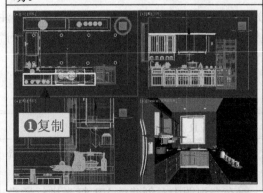

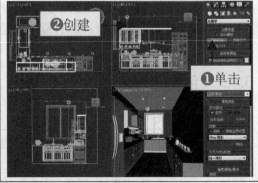

7 设置灯光阴影和类型	**8 选择灯光素材**
❶选择"修改"命令面板，展开"常规参数"展卷栏，在"阴影"选项组中选中"启用"复选框。 ❷在"灯光分布（类型）"下拉列表中选择"光度学 Web"选项。	❶在产生的"分布（光度学 Web）"展卷栏中单击"<选择光度学文件>"按钮。 ❷在打开的"打开光域 Web 文件"对话框中选择并打开"15.IES"灯光素材。
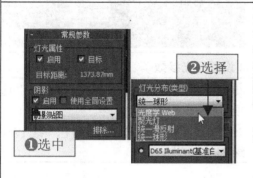	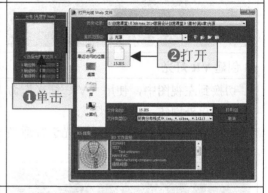
9 设置灯光强度	**10 复制灯光**
❶在"强度"选项组中选中 lm 选项，设置强度值为 30000。 ❷单击颜色块，设置灯光颜色为黄色（红 255，绿 230，蓝 208）。	❶选择刚创建的射灯灯光，按住 Shift 键并拖动灯光进行复制。 ❷将复制的灯光分布在各个射灯模型下。

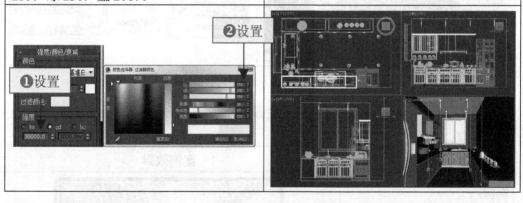

6.4.2　创建太阳光

1 创建 VR 太阳	**2 设置灯光参数**
❶选择 VRay 灯光类型，然后单击"VR 太阳"按钮。 ❷在顶视图中拖动鼠标创建一个由窗户外射入厨房的太阳光。	❶在前视图中适当调整 VR 太阳光的投射点和目标点。 ❷选择"修改"命令面板，设置"强度倍增"值为 0.03、"大小倍增"值为 3。

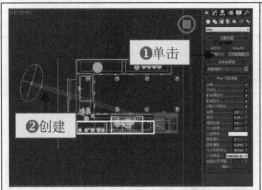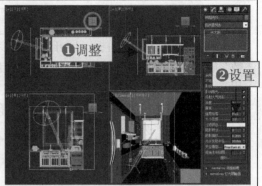

3 创建 VR 灯光	4 设置灯光参数
❶切换到左视图中，使用"VR 灯光"命令在窗户外创建一盏 VR 灯光。 ❷在前视图中对创建的 VR 灯光进行适当移动。	❶在"修改"命令面板中设置"强度"选项组中的"倍增器"为 5。 ❷单击颜色块，设置灯光为青色（红 175，绿 218，蓝 253）。

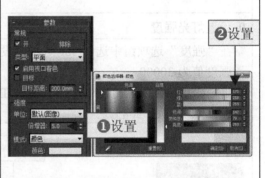

6.5　渲染厨房效果图

文件路径	案例效果
实例： 随书光盘\实例\第 6 章	
素材路径： 随书光盘\素材\第 6 章	
教学视频路径： 随书光盘\视频教学\第 6 章	

设计思路与流程

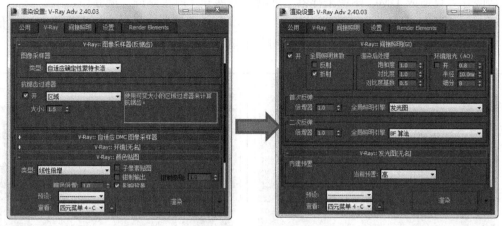

设置 V-Ray 参数　　　　　　　　　　　　　　　　设置间接照明

制作关键点

在本例的制作中，设置图像采样器和间接照明参数是比较关键的地方。

- 图像采样器设置　在"渲染设置"对话框中选择 V-Ray 选项卡，需要设置图像采样器、抗锯齿等参数。
- 间接照明设置　在"渲染设置"对话框中选择"间接照明"选项卡，需要打开"间接照明"功能，然后设置发光图、强算全局光等参数。

6.5.1　设置图像采样器

1 选择图像采样器	2 设置抗锯齿过滤器参数
❶按 F10 键，打开"渲染设置"对话框，选择 V-Ray 选项卡。 ❷展开"图像采样器（反锯齿）"展卷栏。在"类型"下拉列表中选择"自适应确定性蒙特卡洛"选项。	❶在"抗锯齿过滤器"选项组中选中"开"复选框。 ❷设置"大小"值为 1.5。
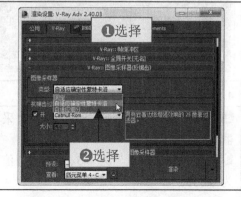	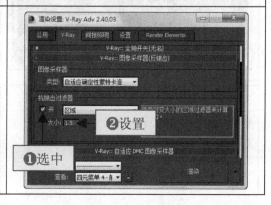

3 设置细分值	4 设置颜色贴图
❶展开"自适应 DMC 图像采样器"展卷栏。 ❷设置"最小细分"值为 2、"最大细分"值为 8。	❶展开"颜色贴图"展卷栏。 ❷在"类型"下拉列表框中选择"线性倍增"选项。
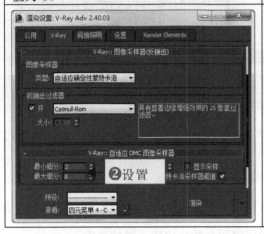	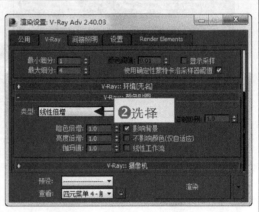

6.5.2　设置间接照明

1 选中"开"复选框	2 设置发光图
❶选择"间接照明"选项卡。 ❷展开"间接照明（GI）"展卷栏，选中"开"复选框，保持其他选项不变。	❶展开"发光图[无名]"展卷栏。 ❷单击"当前预置"下拉列表框，然后选择"高"选项。
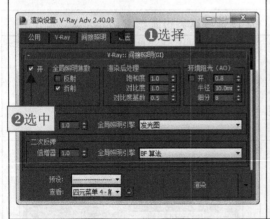	
3 设置强算全局光	4 设置 DMC 采样器
❶展开"BF 强算全局光"展卷栏。 ❷设置"二次反弹"值为 3。	❶选择"设置"选项卡，展开"DMC 采样器"展卷栏。 ❷设置"适应数量"为 0.5、"噪波阈值"为 0.005。

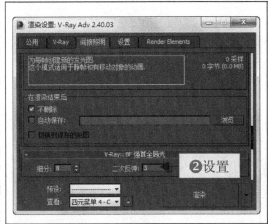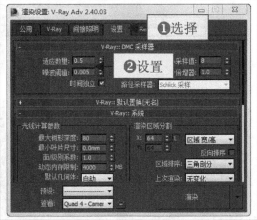

6.5.3　渲染场景图像

1 设置输出大小	2 单击"文件"按钮
❶在"渲染设置"对话框中选择"公用"选项卡。 ❷展开"公用参数"展卷栏，在"输出大小"选项组中设置"宽度"为 1200、"高度"为 900。	❶在"渲染设置"对话框中向下拖动滚动条。 ❷在"公用参数"展卷栏的"渲染输出"选项组中单击"文件"按钮。
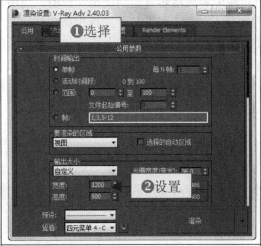	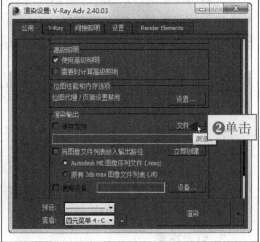
3 设置图像保存路径	**4 渲染场景**
❶在"渲染输出文件"对话框中指定输出图像的位置。 ❷设置文件的保存类型和名称。 ❸单击"保存"按钮进行确定。	❶选择摄影机视图作为渲染对象。 ❷单击"渲染设置"对话框中的"渲染"按钮，即可对场景进行渲染，完成本实例的制作。

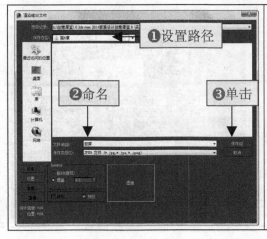

6.6 设计深度分析

在厨房的设计过程中，设计师需要考虑操作平台高度、橱柜面板、灯光布置、管线布置等设计要素。

1. 操作平台

在厨房里干活时，操作平台的高度对防止疲劳和灵活转身起到决定性作用。当用户长久地屈体向前 20° 时，将对用户的腰部产生极大负荷，长此以往腰疼也就伴随而来。所以，厨房的工作台高度应该按照人体身高设定，橱柜的高度应适合最常使用厨房者的身高。工作台面高宜为 800~850mm；工作台面与吊柜底的距离为 500~600mm；而放置双眼灶的炉灶台面高度最好不超过 600mm。吊柜门的门柄要方便最常使用者的高度，而方便取存的地方最好用来放置常用品。

2. 橱柜面板

橱柜面板强调耐用性，橱柜门板是橱柜的主要立面，对整套橱柜的观感及使用功能都有重要影响。防火胶板是最常用的门板材料，柜板亦可使用清玻璃、磨砂玻璃、铝板等，可增添设计的时代感。

3. 灯光布置

厨房灯光需分成两个层次。一个是对整个厨房的照明，一个是对洗涤、准备、操作的照明。后者一般在吊柜下部布置局部灯光，设置方便的开关装置，还有现在的性能良好的抽油烟机一般也有灯光，对烹饪来说足够了。

4. 嵌在橱柜中的电器设备

新房的厨房设计中，可因每个人的不同需要，把冰箱、烤箱、微波炉、洗碗机等布置在橱柜中的适当位置，方便开启、使用。

5. 厨房里的矮柜最好有抽屉

厨房里的矮柜最好做成有推拉式抽屉的，这样方便取放，视觉也较好。而吊柜一般做成 30～40cm 宽的多层格子，柜门做成对开，或者折叠拉门形式。

6. 厨房天花板

天花板较经济实用的选择是装上格栅反光灯盘，照明充足且方便拆卸清洗；吊柜下部亦可装上灯光，避免天花板下射的光线造成手影，进一步方便洗涤工作。

7. 管线布置

管线布置注重技巧性，随着厨房设备越来越电子化，除冰箱、电饭锅、抽油烟机这些基本的设备外，还有消毒碗柜、微波炉，再加上各种食物加工设备，故插头分布一定要合理而充足。

第 7 章　制作卫生间效果图

学习目标

卫生间作为家庭的洗理中心，是每个人生活中不可缺少的一部分。它是一个极具实用功能的地方，也是家庭装饰设计中的重点之一。卫生间的设计是否合理，同样对家居生活质量有着重要影响。

在本章的学习中，将学习卫生间的表现方法。在绘制卫生间效果图之前，首先介绍卫生间的设计理念，通过理论结合实战对卫生间效果的制作进行详细讲解。

效果展示

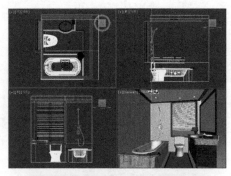

7.1　卫生间设计基础

装修卫生间，应实用与美观相结合，但首先要考虑功能使用，然后才是装饰效果。下面介绍设计卫生间的基本知识。

1. 卫生间设计要点

进行卫生间的设计时,在功能、布置等诸多方面应体现当代卫生间设计的合理性。卫生间设计的要点如下:

- 地面　要注意防水、防滑。
- 顶部　防潮、遮掩最重要。
- 洁具　追求合理、合适。
- 电路　安全第一。
- 采光　明亮即可。
- 绿化　增添生气。
- 美观　色彩定位和材质选择应与洁具色调一致,颜色处理应自上而下、由浅到深。
- 方便使用　卫生间的设置地点及门的开启方向应考虑在最方便使用的位置。考虑到卫生间湿滑的特点,应就近设置必用物品和适当的扶手。
- 整洁　盥洗区和淋浴区要有一个模糊的划分,切忌零散、繁杂。

2. 卫生间的功能划分

按卫生间的功能进行划分,卫生间可以分为盥洗间、浴室和厕所三个部分。下面介绍各个部分的设计内容和要求。

- 盥洗间　盥洗间一般设置在卫浴空间的前端,主要摆放各种盥洗用具及起到洗脸、刷牙、洁手、刮胡须、整理容貌等作用。盥洗间的地面应选用具有防水、耐脏、易清洁的材料,如瓷砖、大理石板等,如左下图所示。
- 浴室　是专供沐浴的地方。浴室的使用面积应该不小于 $2.5m^2$,冷热水的连接要比较方便,出水口应可调节冷热度,以免烫伤洗浴人的皮肤。浴室的地面和浴缸表面不宜太滑,设计地面时,还应考虑排水通畅,以方便清扫和排泄地面污水。
- 厕所　最好设置在靠窗的位置,墙面以瓷砖铺贴最为理想。地面采用地砖,若再讲究些,则可在座便池下方放置块状防水地毯,既美观,又防滑,如右下图所示。

盥洗部分效果

厕所靠窗

7.2 绘制卫生间模型

文件路径	案例效果
实例: 随书光盘\实例\第 7 章	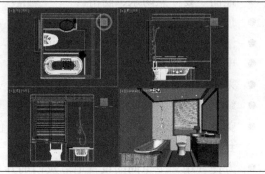
素材路径: 随书光盘\素材\第 7 章	
教学视频路径: 随书光盘\视频教学\第 7 章	

设计思路与流程

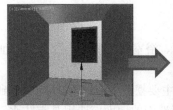

绘制卫生间框架　　　　　　编辑卫生间窗户　　　　　创建卫生间顶面和地面

制作关键点

在本例的制作中,卫生间框架、窗户和顶面石膏线的制作是比较关键的地方。

● 卫生间框架　绘制框架时,可以使用长方体模型,先要设置好长方体的分段数,然后对其添加"法线翻转"修改器,再将其转换为可编辑多边形进行编辑。

● 卫生间窗户　绘制窗户时,可以使用矩形图形,先对矩形进行轮廓编辑,再对其添加"挤出"修改器。在绘制百叶窗时,可以对矩形进行阵列,再进行挤出操作。

● 顶面石膏线　绘制顶面石膏线时,可以使用"倒角剖面"修改器来完成,先绘制倒角路径和剖面造型,再进行倒角剖面操作。

7.2.1 绘制卫生间框架模型

1 设置单位比例	**2 设置系统单位**
❶选择"自定义"|"单位设置"命令,打开"单位设置"对话框。 ❷在"公制"下拉列表中选择"毫米"选项。	❶单击"系统单位设置"按钮, ❷在打开的"系统单位设置"对话框中设置"1 单位=1.0 毫米"。 ❸单击"确定"按钮关闭对话框。

3　绘制长方体	4　翻转法线
❶使用"长方体"命令在顶视图中绘制一个长方体。 ❷选择"修改"命令面板，设置长方体的长、宽、高及其分段。	❶在"修改器列表"中选择"法线"命令。 ❷在"参数"展卷栏中选中"翻转法线"复选框。

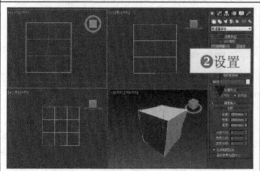
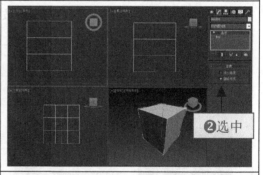

5　创建摄影机	6　删除长方体的面
❶在视图中创建一台摄影机。 ❷在"修改"命令面板中设置"镜头"值为 20mm。 ❸将透视图转换为摄影机视图。	❶将长方体转换为可编辑多边形。 ❷在摄影机视图中将正前方的 9 个面删除。

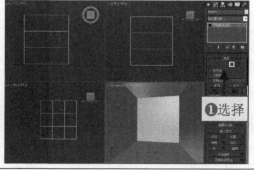

7 绘制参照长方体	**8 调整边的位置**
❶在左视图中绘制一个长方体作为窗户的参照物。 ❷在"修改"命令面板中设置其长与宽。	❶选中前面绘制的模型，并在"修改器堆栈"中选择"边"选项。 ❷以刚绘制的长方体为参照，调整框架的边。 ❸删除参照对象。
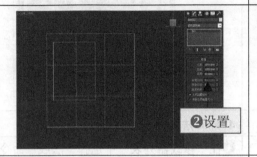	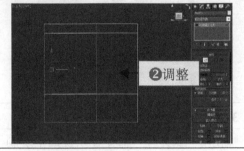
9 挤出多边形元素	**10 删除选择的多边形**
❶在"修改器堆栈"中选择"多边形"选项。 ❷在左视图中选择修改的面。 ❸在"编辑边"展卷栏中单击"挤出"按钮，设置挤出的值为-260mm。	❶在左视图选择中间的多边形。 ❷按 Detele 键将选择的多边形删除。
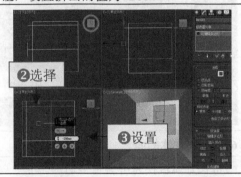	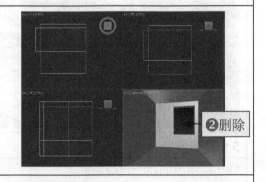
11 分离地面	**12 命名分离对象**
❶选中框架下方的 3 个多边形。 ❷在"编辑几何体"展卷栏中单击"分离"按钮。	❶在打开的"分离"对话框中将分离对象命名为"地面"。 ❷单击"确定"按钮。 ❸使用同样的操作将顶面模型分离出来。
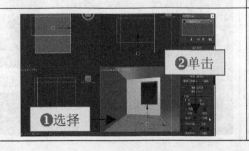	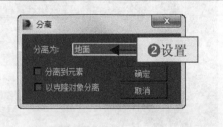

7.2.2　绘制卫生间窗户模型

1 创建矩形	**2 修改矩形**
❶在左视图中使用"矩形"命令创建一个矩形。 ❷设置矩形的"长度"为 1700mm、"宽度"为 1320mm。	❶将矩形转换为可编辑样条线。 ❷在"修改"命令面板的"修改器堆栈"中选择"样条线"选项。 ❸在"几何体"展卷栏中设置"轮廓"值为 60mm。
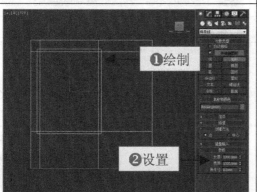	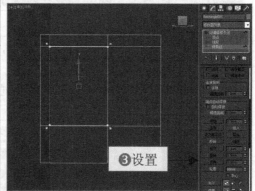
3 挤出窗户外框	**4 绘制矩形**
❶在"修改器列表"中选择"挤出"命令，设置挤出的数量为 260mm。 ❷在顶视图中将挤出的模型移动到窗洞内。	❶在左视图中使用"矩形"命令创建一个矩形。 ❷设置矩形"长度"为 1600mm、"宽度"为 1200mm。
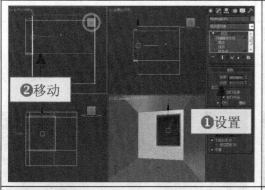	
5 绘制 4 个小矩形	**6 附加矩形**
❶使用"矩形"命令创建 4 个矩形。 ❷设置上方两个矩形"长度"为 1000mm、"宽度"为 500mm，下方两个矩形"长度"为 450mm、"宽度"为 500mm。	❶将其中一个矩形转换为可编辑样条线，然后在"修改"命令面板中单击"附加"按钮。 ❷依次单击其他矩形将其附加在一起。

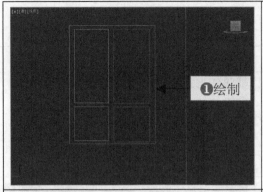

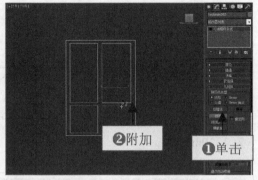

7 挤出窗户边框	**8 绘制窗户玻璃**
❶在"修改器列表"中选择"挤出"命令，设置挤出的数量为40mm。 ❷在顶视图中将挤出的模型移动到窗洞内。	❶使用"长方体"命令在左视图中绘制一个长方体作为窗户玻璃模型。 ❷将长方体移动到窗户边框内，然后对长方体的大小进行调整。

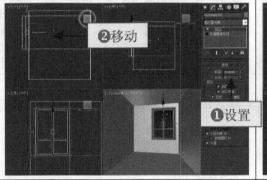

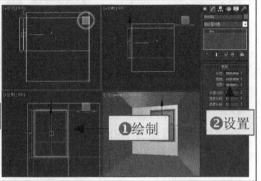

9 设置窗户边框 UVW 贴图	**10 绘制矩形**
❶选择窗户边框模型，然后在"修改器列表"中选择"UVW 贴图"命令。 ❷设置贴图类型为"长方体"，保持其他参数不变。	❶隐藏窗户以外的图形，在左视图中使用"矩形"命令创建一个矩形。 ❷设置矩形"长度"为 20mm、"宽度"为 1100mm。

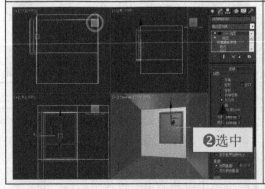

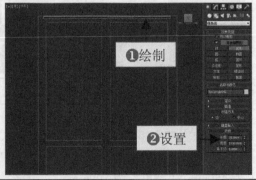

11 阵列矩形	12 附加阵列矩形
❶选择"工具"|"阵列"命令，打开"阵列"对话框。 ❷设置 Y 轴的移动增量值为–30mm。 ❸设置 1D 的数量为 45 并确定。	❶将其中一个矩形转换为可编辑样条线，然后单击"附加多个"按钮。 ❷在"附加多个"对话框中选择所有的图形，并单击"附加"按钮。
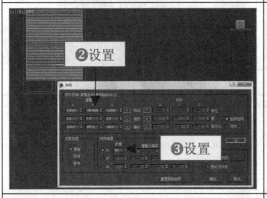	
13 挤出百叶窗	14 合并模型
❶在"修改器列表"中选择"挤出"命令，设置挤出的数量为 10mm。 ❷在顶视图中将挤出的模型移动到窗户前面。	❶显示所有模型，然后单击程序图标，在弹出的菜单中选择"导入"|"合并"命令。 ❷将卫生间素材模型合并在场景中。
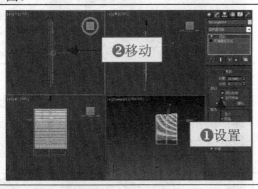	

7.2.3　绘制卫生间顶面和地面

1 绘制矩形	2 挤出顶面模型
❶隐藏浴霸以外的图形。 ❷在顶视图中使用"矩形"命令创建两个矩形，大矩形与顶面大小一样，小矩形与浴霸大小一样。	❶将其中的一个矩形转换为可编辑样条线，然后将另一个矩形附加在一起。 ❷在"修改器列表"中选择"挤出"命令，设置挤出数量为 200mm。

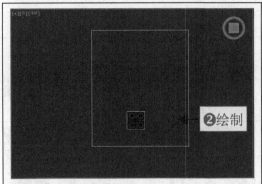

3 绘制倒角剖面路径	**4 绘制矩形**
❶在顶视图中使用"矩形"命令绘制一个矩形。 ❷在"参数"展卷栏中设置矩形的"长度"为 2400mm、"宽度"为 2080mm。	❶在前视图中使用"矩形"命令绘制一个矩形。 ❷在"参数"展卷栏中设置矩形的"长度"为 50mm、"宽度"为 85mm。

5 修改矩形形状	**6 绘制倒角剖面图形**
❶将矩形转换为可编辑样条线。 ❷通过添加和修改顶点，修改矩形形状作为倒角剖面图形。	❶选择剖面矩形，在"修改器列表"中选择"倒角剖面"命令。 ❷单击"倒角剖面"按钮，拾取剖面图形，创建石膏线倒角剖面模型。

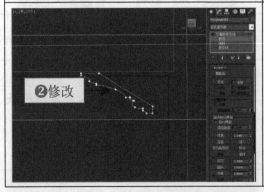 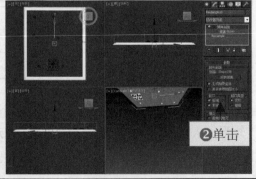

7 绘制长方体	8 创建边线模型
❶显示所有的模型，然后在顶视图中使用"长方体"命令绘制一个长方体，将其命名为"拼花"。 ❷设置长方体的大小。	❶在顶视图绘制一个大小和长方体底面相同的矩形。 ❷为矩形添加 50mm 的轮廓。 ❸对修改后的矩形添加"挤出"命令，设置数量为 10mm。

7.3 编辑卫生间材质

文件路径	案例效果
实例： 随书光盘\实例\第 7 章 素材路径： 随书光盘\素材\第 7 章 教学视频路径： 随书光盘\视频教学\第 7 章	

设计思路与流程

编辑墙面材质　　　　　　　　编辑地面材质　　　　　　　　编辑窗户材质

制作关键点

在本例的材质编辑中，墙面材质、地面材质和窗户玻璃材质的制作是比较关键的地方。

- 墙面材质　在本例中的墙面材质使用了位图贴图效果，对材质需要设置材质的反射效果，另外，还需要对模型设置 VUW 贴图。
- 地面材质　在本例中，地面材质包括地面地砖和拼花效果，地砖材质与墙面材质编辑方法相同，拼花材质需要对模型 VUW 贴图中的 Gizmo 线框进行旋转。
- 窗户玻璃材质　窗户玻璃材质需要设置材质的漫反射、反射和折射效果。如果是白天，玻璃的反射就很弱；如果是夜晚，玻璃的反射就要强一些。

7.3.1　编辑卫生间墙面材质

1 选择渲染器	**2 修改灯圈材质类型**
❶选择"渲染"|"渲染设置"命令，打开"渲染设置"对话框。 ❷展开"指定渲染器"展卷栏，单击"产品级"选项后的"选择渲染器"按钮 。 ❸在打开的"选择渲染器"对话框中选择 V-Ray RT 2.40.03 选项并确定。	❶选择"渲染"|"材质编辑器"|"精简材质编辑器"命令，打开"材质编辑器"对话框。 ❷选择一个未编辑材质球，然后单击 Standard 按钮。 ❸在打开的"材质/贴图浏览器"对话框中选择 VRayMtl 选项并确定。
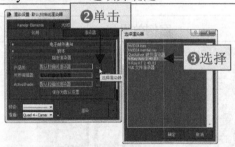	
3 设置漫反射和光泽度	**4 设置墙面材质**
❶在 VR 材质面板中单击"漫反射"选项的颜色块，设置该颜色为白色。 ❷然后将该材质指定给卫生间顶面模型。	❶选择下一个材质球，设置该材质类型为 VRayMtl。 ❷在 VR 材质面板中单击"漫反射"选项后的 按钮。

5 设置贴图类型	6 设置贴图对象
❶在"材质/贴图浏览器"对话框中选择"位图"选项。 ❷单击"确定"按钮选择位图作为漫反射的贴图类型。	❶在打开的"选择位图图像文件"对话框中选择"墙面砖.jpg"图像文件。 ❷单击"打开"按钮选择该图形作为漫反射的贴图。
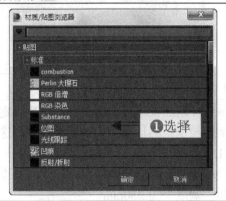	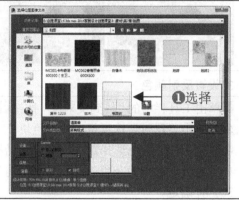
7 设置反射颜色	8 设置墙体 UVW 贴图
❶单击工具栏中的"转到父对象"按钮 ，然后单击"反射"选项组中的颜色块。 ❷设置反射颜色为灰色（红、绿、蓝均为15）并确定。 ❸将编辑好的材质指定给墙体模型。	❶选择墙体模型，然后在"修改器列表"中选择"UVW 贴图"命令。 ❷选择"长方体"贴图类型，设置"长度"和"宽度"为 400mm、"高度"为 500mm。
	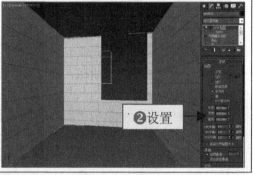

7.3.2　编辑卫生间地面材质

1 设置窗框材质	2 设置贴图对象
❶选择一个未编辑的材质球，设置该材质类型为 VRayMtl。 ❷在 VR 材质面板中单击"漫反射"选项后的■按钮，在"材质/贴图浏览器"对话框中选择"位图"选项并确定。	❶在打开的"选择位图图像文件"对话框中选择"地砖.jpg"图像文件。 ❷单击"打开"按钮选择该图像作为漫反射的贴图。

3 设置反射颜色 ❶单击工具栏中的"转到父对象"按钮，然后单击"反射"选项组中的颜色块。 ❷在打开的"颜色选择器：反射"对话框中设置反射颜色为灰色（红、绿、蓝均为30）并确定。	**4 设置地面 UVW 贴图** ❶选择地面模型，将编辑好的材质指定给地面模型，然后在"修改器列表"中选择"UVW 贴图"命令。 ❷选择"平面"贴图类型，设置"长度"和"宽度"为280mm。

5 设置地面拼花材质 ❶选择一个未编辑的材质球，设置该材质类型为 VRayMtl。 ❷在 VR 材质面板中单击"漫反射"选项后的■按钮，在"材质/贴图浏览器"对话框中选择"位图"选项并确定。	**6 设置贴图对象** ❶在打开的"选择位图图像文件"对话框中选择"拼花.jpg"图像文件。 ❷单击"打开"按钮选择该图像作为漫反射的贴图。

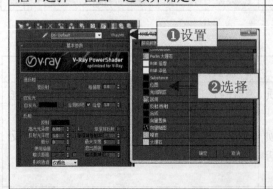

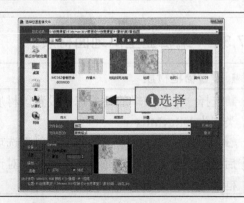

7　设置反射颜色	8　设置拼花 UVW 贴图
❶单击工具栏中的"转到父对象"按钮 ◙，然后单击"反射"选项组中的颜色块。 ❷在打开的"颜色选择器：反射"对话框中设置反射颜色为灰色（红、绿、蓝均为20）并确定。	❶选择地面拼花模型，将编辑好的材质指定给地面拼花模型，然后在"修改器列表"中选择"UVW 贴图"命令。 ❷选择"平面"贴图类型，设置"长度"和"宽度"均为 350mm。

9　旋转 Gizmo	**10　设置边线材质**
❶在"修改器堆栈"中选择 Gizmo 选项。 ❷使用右键单击工具栏中的"选择并旋转"按钮 ◙，在打开的"旋转变换输入"对话框中设置 Z 轴的旋转角度为 45°。	❶选择一个未编辑的材质球，设置该材质类型为 VRayMtl。 ❷在 VR 材质面板中单击"漫反射"选项后的 ■ 按钮，在"材质/贴图浏览器"对话框中选择"位图"选项并确定。
	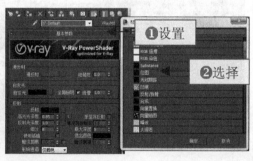
11　设置贴图对象	**12　设置边线 UVW 贴图**
❶在打开的"选择位图图像文件"对话框中选择"边线.jpg"图像文件。 ❷单击"打开"按钮选择该图像作为漫反射的贴图。	❶将编辑好的材质指定给边线模型，在"修改器列表"中选择"UVW 贴图"命令。 ❷选择"平面"类型，设置"长度"和"宽度"均为 400mm。

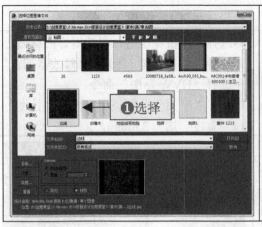

7.3.3 编辑卫生间窗户材质

1 设置窗框材质	2 设置贴图对象
❶选择一个未编辑的材质球,设置该材质类型为VRayMtl。 ❷在VR材质面板中单击"漫反射"选项后的█按钮,在"材质/贴图浏览器"对话框中选择"位图"选项并确定。	❶在打开的"选择位图图像文件"对话框中选择"古木.jpg"图像文件。 ❷单击"打开"按钮选择该图像作为漫反射的贴图。
	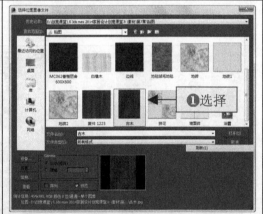
3 设置反射颜色	4 设置窗框UVW贴图
❶单击工具栏中的"转到父对象"按钮█,然后单击"反射"选项组中的颜色块。 ❷在打开的"颜色选择器:反射"对话框中设置反射颜色为灰色(红、绿、蓝均为10)并确定。	❶选择窗框模型,将编辑好的材质指定给窗框模型,然后在"修改器列表"中选择"UVW贴图"命令。 ❷选择"长方体"贴图类型,设置"长度"、"宽度"、"高度"均为500mm。

5 设置窗户材质	6 设置窗户玻璃材质
❶选择一个未编辑的材质球，设置该材质类型为 VRayMtl。 ❷在 VR 材质面板中单击"漫反射"选项后的颜色块，设置漫反射颜色为白色，然后将该材质指定给窗户和百叶窗模型。	❶选择一个未编辑的材质球，设置该材质类型为 VRayMtl。 ❷在 VR 材质面板中单击"漫反射"选项后的颜色块，设置漫反射颜色为黑色（红、绿、蓝均为 0）并确定。

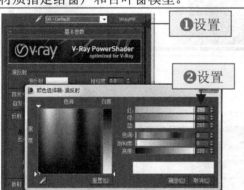 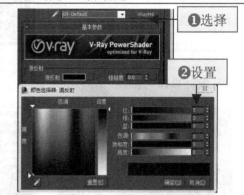

7 设置反射颜色	8 设置折射颜色
❶单击"反射"选项组中的颜色块。 ❷在打开的"颜色选择器：反射"对话框中设置反射颜色为灰色（红、绿、蓝均为 20）并确定。	❶单击"折射"选项组中的颜色块。 ❷在打开的"颜色选择器：反射"对话框中设置反射颜色为白色。 ❸将该材质指定给窗户玻璃。

7.4　创建灯光与渲染

文件路径	案例效果
实例： 随书光盘\实例\第7章	
素材路径： 随书光盘\素材\第7章	
教学视频路径： 随书光盘\视频教学\第7章	

设计思路与流程

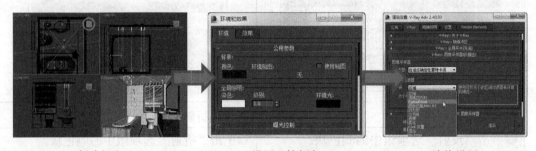

创建灯光　　　　　　　　　　设置环境颜色　　　　　　　　　渲染设置

制作关键点

在本例的制作中，创建筒灯灯光、设置环境颜色和渲染设置是比较关键的地方。

- 创建筒灯灯光　在本例中，创建筒灯灯光使用了目标灯光。在灯光类型下拉列表中选择"光度学"选项，然后单击"目标灯光"按钮，在视图中创建一个目标灯光，然后指定光域网灯光素材。
- 设置环境颜色　选择"渲染"|"环境"命令，在打开的"环境和效果"对话框中可以设置环境的颜色。
- 渲染设置　在渲染设置中，需要设置"图像采样器（反锯齿）"、"抗锯齿过滤器"参数，并开启"间接照明"功能。

7.4.1　创建灯光

1 选择 VR 灯光	2 创建 VR 灯光
❶在"灯光"命令面板中单击灯光类型的下拉按钮，然后选择 VRay 选项。 ❷在"灯光"面板中单击"VR 灯光"按钮。	❶在顶视图中单击并拖动鼠标，创建一盏 VR 灯光。 ❷在左视图中对创建的 VR 灯光进行适当移动，对卫生间整体空间进行照明。
	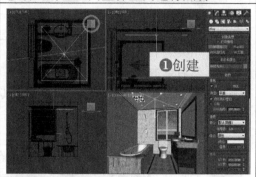
3 设置灯光参数	4 设置灯光选项
❶在"修改"命令面板中设置"强度"选项组中的"倍增器"为 2.5。 ❷单击颜色块，设置灯光为淡黄色（红 255，绿 241，蓝 190）。	❶将参数面板向上拖动。 ❷在"选项"选项组中选中"不可见"复选框。
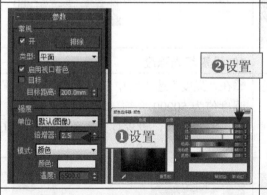	
5 创建 VR 灯光	6 设置灯光参数
❶切换到左视图中，使用"VR 灯光"命令在窗户外创建一盏 VR 灯光。 ❷在前视图中对创建的 VR 灯光进行适当移动。	❶在"修改"命令面板中设置"强度"选项组中的"倍增器"为 2.5。 ❷单击颜色块，设置灯光为青色（红 228，绿 253，蓝 255）。

7 创建目标灯光	**8 设置灯光阴影和类型**
❶在灯光类型下拉列表中选择"光度学"选项，然后单击"目标灯光"按钮。 ❷在前视图中创建一个目标灯光，并将其移动到筒灯模型下方。	❶选择"修改"命令面板，展开"常规参数"展卷栏，在"阴影"选项组中选中"启用"复选框。 ❷在"灯光分布（类型）"下拉列表中选择"光度学 Web"选项。

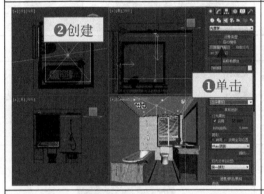 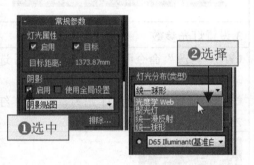

9 选择灯光素材	**10 设置灯光强度**
❶在产生的"分布（光度学 Web）"展卷栏中单击"<选择光度学文件>"按钮。 ❷在打开的"打开光域 Web 文件"对话框中选择并打开"15.IES"灯光素材。	❶在"强度"选项组中选中 cd 选项，设置强度值为 50000。 ❷单击颜色块，设置灯光颜色为黄色（红255，绿168，蓝91）。

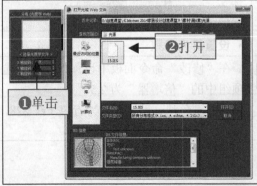 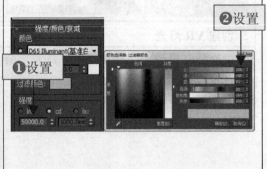

11 复制灯光	12 创建浴霸灯光
❶选择刚创建的筒灯灯光,按住 Shift 键并拖动灯光进行复制。 ❷将复制的灯光分布在各个筒灯模型下。	❶按住 Shift 键并拖动筒灯灯光,再次复制 4 个灯光。 ❷将复制的灯光分布在浴霸灯模型下方。完成灯光的创建。
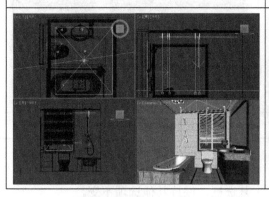	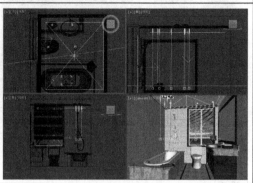

7.4.2 设置环境颜色

1 打开"环境和效果"对话框	2 设置环境颜色
❶选择"渲染"|"环境"菜单命令,打开"环境和效果"对话框。 ❷展开"公用参数"展卷栏。	❶在"背景"选项组中单击颜色块。 ❷在打开的"选择颜色器:背景色"对话框中设置环境颜色为深紫色(红 32,绿 13,蓝 56)。
	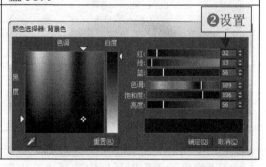

7.4.3 设置渲染参数

1 选择图像采样器	2 设置抗锯齿参数
❶按 F10 键,打开"渲染设置"对话框,选择 V-Ray 选项卡。 ❸展开"图像采样器(反锯齿)"展卷栏。在"类型"下拉列表中选择"自适应确定性蒙特卡洛"选项。	❶在"抗锯齿过滤器"选项组中选中"开"复选框。 ❷单击"区域"下拉列表框,然后选择 Catmull-Rom 选项。

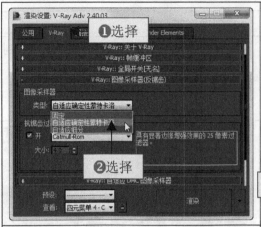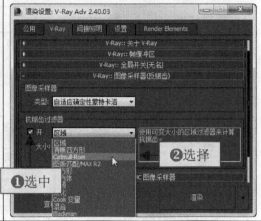

3 设置颜色贴图	4 开启间接照明
❶展开"颜色贴图"展卷栏。 ❷在"类型"下拉列表框中选择"指数"选项。	❶选择"间接照明"选项卡。 ❷展开"间接照明（GI）"展卷栏，选中"开"复选框，保持其他选项不变。

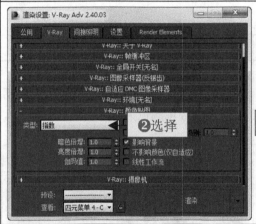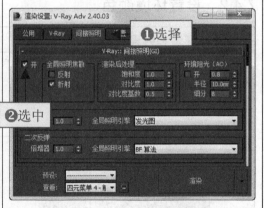

7.4.4　渲染场景

1 设置输出大小	2 单击"文件"按钮
❶在"渲染设置"对话框中选择"公用"选项卡。 ❷展开"公用参数"展卷栏，在"输出大小"选项组中设置"宽度"为800、"高度"为700。	❶在"渲染设置"对话框中向下拖动滚动条。 ❷在"公用参数"展卷栏的"渲染输出"选项组中单击"文件"按钮。

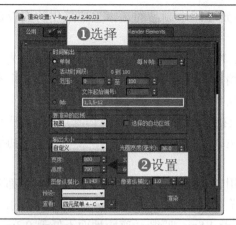

3　设置图像保存路径	**4　渲染场景**
❶在"渲染输出文件"对话框中指定输出图像的位置。 ❷设置文件的保存类型和名称。 ❸单击"保存"按钮进行确定。	❶选择摄影机视图作为渲染对象。 ❷单击"渲染设置"对话框中的"渲染"按钮，即可对场景进行渲染，完成本实例的制作。

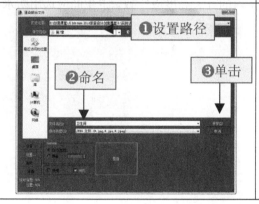

7.5　设计深度分析

卫生间由最早的一套住宅配置一个卫生间——单卫，到现在的双卫（主卫、客卫）和多卫（主卫、客卫、公卫）。

- 主卫是供户主使用的私人卫生间。
- 客卫是为满足来访者和其他家庭成员的使用所设置的卫生间。
- 公卫是为充分显示现代家庭对个人隐私的尊重所设置的第二客卫。

在布局上来说，卫生间大体可分为开放式布置和间隔式布置两种。所谓开放式布置就是将浴室、便器、洗脸盆等卫生设备都安排在同一个空间里，是一种普遍采用的方式；而间隔式布置一般是将浴室、便器纳入一个空间而让洗漱独立出来，这不失为一种不错的选择，条件允许的情况下可以采用这种方式。

从设备上来说，卫生间一般包括卫生洁具和一些配套设施。考虑到卫生间易潮湿这一特点，应尽量减少木制品的使用，如果一定要用木制品的话，也应采用防火板耐水材料。

卫生间的装饰材料一般较多采用墙地砖、PVC 或铝制扣板吊顶。一般来说，先应把握住整体空间的色调，再考虑选用什么样的墙地砖及天花吊顶材料。由于国内较多家庭的卫生间面积都不大，所以选择一些亮度较高，或色彩亮丽的墙砖会使得空间感觉大一些。地砖则应考虑具有耐脏及防滑的特性，天花板无论是用 PVC 或铝制扣板，都应该选择简洁大方色调轻盈的材质，这样才不会产生"头重脚轻"的感觉。三者之间应协调一致，与洁具也应相和谐。

另外，值得注意的是：卫生间装修不能用普通插座开关。装修时，每个家庭都要安装插座和开关，可这些部件应距地多高、怎样安装最安全，却不是每个人都知道的。

- 安装插座时，明装插座距地面应不低于 1.8m；暗装插座距地面不低于 0.3m，为防止儿童触电，一定要选用带有保险挡片的安全插座；值得注意的是零线与保护接地线不可错接或接为一体；卫生间常用来洗澡冲凉，易潮湿，不宜安装普通型插座。

- 安装开关时，暗装开关要求距地面 1.2～1.4m，距门框水平距离为 150～200mm。开关的位置与灯位要相对应，同一室内的开关高度应一致。卫生间应选用防水型开关，确保人身安全。

第8章 制作别墅效果图

学习目标

别墅是指在郊区或风景区建造的供休养用的园林住宅，是居宅之外用来享受生活的居所，是第二居所而非第一居所。现在普遍认识，除"居住"这个住宅的基本功能以外，更主要体现生活品质及享用特点的高级住所。

在本章的学习中，将学习别墅的表现方法。在绘制别墅效果图之前，首先介绍别墅的设计理念，通过理论结合实战对别墅效果的制作进行详细讲解。

效果展示

8.1 别墅设计基础

在学习别墅的效果图的制作表现之前，请先了解一下别墅的设计知识，包括别墅设计的要点和注意事项。

1. 别墅设计的要点

一套别墅就像是一部历史，一个能买得起别墅的业主无疑事业上是成功的。成功人士选择成功的方式去置业，这本身就是生活的需求。因此在别墅空间设计意识上，他们总有一种比较高的境界，渴望按着他们所期望的表现出一个真实空间。在进行别墅设计时，有以下两个要点。

● 别墅的设计一定要注重结构的合理运用。局部的细节设计体现出主人个性、优雅的生活情趣。在合理的平面布局下着重于立面的表现，注重使用玻璃、石材及质感、涂料来营造现代休闲的居室环境。

● 在别墅的设计过程中，设计师要考虑整个空间的功能是否合理，在这基础上去演化优雅新颖的设计，因为有些别墅中格局的不合理性会影响整个空间的使用。合理拆建墙体，利用墙体的结构有利于更好地描述出主人的美好爱巢。尤其别墅中最常见的有斜顶、梁管道、柱子等结构上出现的问题，如何分析和解决问题是设计过程的关键所在。

2. 别墅设计的注意事项

别墅的设计包括软装饰和硬装饰两个部分，因此，在进行别墅设计时，既需要注意硬装饰事项，也需要注意软装饰事项。

（1）硬装饰注意事项

硬装饰指的是要满足基础设施，包括住房结构、布局、功能、外观和颜色等添加在建筑物表面或内部的所有装饰。硬装饰在原则上是不可移动的，如玄关、功能分区、门窗、墙壁、天花板和地板铺装。

在硬装饰的设计中，应采用合理的装饰手法。例如，虽然中式风格的天花板的装修主要分天花和藻井方式，但由于目前居室层高普遍不高，因此藻井不适合家庭装修。

（2）软装饰注意事项

软装饰指的是为了满足人的需要的功能，包括外观和附着在建筑物表面或内部装饰的设备。软装饰在原则上是可以移动和改变的。如窗帘、沙发套、靠垫、台布工艺及装饰工艺品、铁艺装饰。

软装饰搭配和选择很重要，比如简单、大气新中式装饰与造型精致、线条流畅的中国古董饰品或仿汉式洁具是非常合适的。在软装饰搭配上，镜子在空间使用适当可以起到遮挡视线、拓展空间、增加光照的作用，但如果使用不当，不仅会触犯风水学上的忌讳，也容易造成危险。例如，穿衣镜和梳妆镜不要对着卧室的床，室内主要交通不应设置为镜像结构，以避免行人发生碰撞等现象。如果主人家里有小孩，则不要设计放置过低的镜子，以避免小孩好奇打破镜子引发危险等。

8.2　制作别墅夜景效果

文件路径	案例效果
实例： 随书光盘\实例\第 8 章	
素材路径： 随书光盘\素材\第 8 章	
教学视频路径： 随书光盘\视频教学\第 8 章	

设计思路与流程

编辑别墅材质　　　　　　　编辑别墅灯光　　　　　　　渲染场景

制作关键点

在本例的制作中，由于别墅的模型同其他室内模型绘制方法相似，因此，本例主要针对别墅的材质、灯光和渲染进行重点讲解。

- 别墅材质　编辑别墅材质时，本例将重点针对别墅的墙体、地面、窗帘白纱和室外景材质进行讲解。
- 别墅灯光　由于别墅面积比较大，因此灯光布置也很多，相似的灯光可以使用"实例"复制方式创建，以便进行编辑。
- 渲染　由于别墅渲染会花费很多时间，因此在渲染过程中，最好保存发光图对象。

8.2.1　编辑别墅材质

1 打开别墅素材文件	2 单击"选择渲染器"按钮
❶在快速访问工具栏中单击"打开文件"按钮⬚。 ❷在打开的"打开文件"对话框中选择并打开"别墅.max"素材文件。	❶按 F10 键打开"渲染设置"对话框。 ❷展开"指定渲染器"展卷栏，单击"产品级"选项后的"选择渲染器"按钮⬚。

3 选择渲染器	**4 编辑墙体材质**
❶在打开的"选择渲染器"对话框中选择 V-Ray RT 2.40.03 选项。 ❷单击"确定"按钮。	❶按 M 键打开"材质编辑器"对话框。 ❷选择一个材质球，单击"从对象拾取材质"按钮。 ❸单击墙体模型拾取该模型材质。

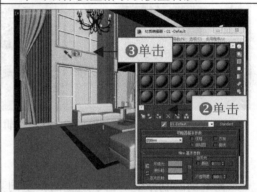

5 设置材质类型	**6 设置子材质数量**
❶在"墙体"材质面板中单击 Standard 按钮。 ❷在打开的"材质/贴图浏览器"对话框中选择"多维/子对象"选项并确定。	❶在"多维/子对象"材质面板中单击"设置数量"按钮。 ❷在打开的"设置材质数量"对话框中设置"材质数量"为 2。

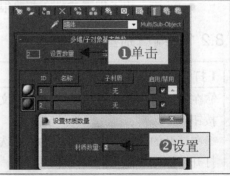

7 设置 ID1 子材质	**8 设置墙体 UVW 贴图**
❶单击 ID1 材质后面的"无"按钮，为子材质命名，并设置材质类型为 VRayMtl。 ❷设置漫反射颜色为白色（红、绿、蓝均为 225）。	❶单击工具栏中的"转到父对象"按钮，单击 ID2 材质后面的"无"按钮。 ❷为子材质命名，并设置材质类型为 VRayMtl。

9 选择"位图"选项	**10 设置贴图对象**
❶在 VR 材质面板中单击"漫反射"选项后的■按钮。 ❷在"材质/贴图浏览器"对话框中选择"位图"选项并确定。	❶在打开的"选择位图图像文件"对话框中选择"壁纸 0884.jpg"图像文件。 ❷单击"打开"按钮选择该图像作为漫反射的贴图。

11 编辑地面材质	**12 选择"位图"选项**
❶选择一个材质球，单击"从对象拾取材质"按钮。 ❷单击地面模型，拾取该模型材质进行编辑。	❶设置"地面"材质类型为 VRayMtl。 ❷单击"漫反射"选项后面的■按钮。 ❸在打开的"材质/贴图浏览器"对话框中选择"位图"选项并确定。

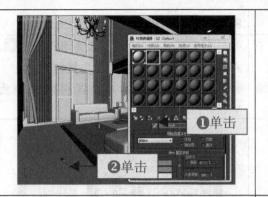

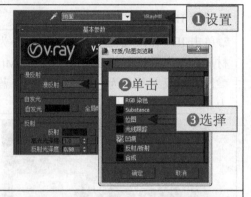

13 设置贴图对象	**14 设置反射颜色**
❶在打开的"选择位图图像文件"对话框中选择"地砖.jpg"图像文件。 ❷单击"打开"按钮选择该图像作为漫反射的贴图。	❶单击工具栏中的"转到父对象"按钮，然后在"反射"选项组中单击颜色块。 ❷设置反射颜色为灰色（红、绿、蓝均为30）并确定。

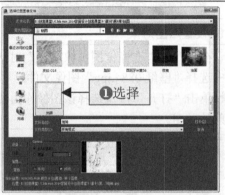

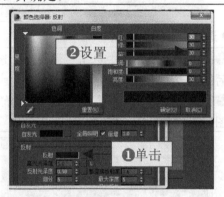

15 编辑窗帘白纱材质	**16 设置材质漫反射**
❶选择一个材质球，单击"从对象拾取材质"按钮。 ❷单击窗帘白纱模型，拾取该模型材质进行编辑。	❶设置"窗帘白纱"材质类型为 VRayMtl。 ❷单击"漫反射"选项组中的颜色块，设置漫反射颜色为白色。

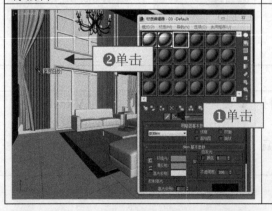

17　设置材质折射	18　编辑室外材质
❶在"折射"选项组中单击"折射"选项后面的■按钮。 ❷在打开的"材质/贴图浏览器"对话框中选择"衰减"选项并确定。	❶选择一个材质球，单击"从对象拾取材质"按钮✎。 ❷单击门框外面的"室外"模型，拾取该模型材质进行编辑。
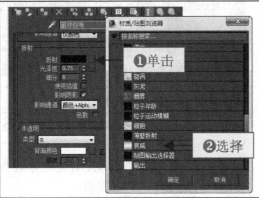	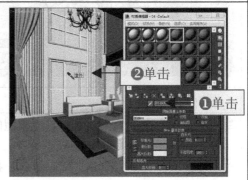
19　设置室外材质	20　设置贴图对象
❶设置该材质类型为 VRayMtl。 ❷在 VR 材质面板中单击"漫反射"选项后的■按钮，在"材质/贴图浏览器"对话框中选择"位图"选项并确定。	❶在打开的"选择位图图像文件"对话框中选择"夜晚.jpg"图像文件。 ❷单击"打开"按钮选择该图像作为漫反射的贴图。
	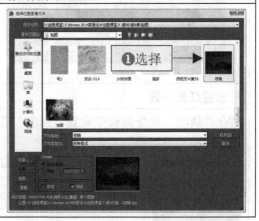

8.2.2　编辑别墅灯光

1　编辑目标灯光	2　修改目标灯光参数
❶按 Shift+L 组合键显示场景中的灯光。 ❷选择其中一个目标灯光，然后在"灯光分布（类型）"下拉列表中选择"光度学 Web"选项。	❶设置"8.IES"光域网素材作为目标灯光效果。 ❷在"强度/颜色/衰减"展卷栏中设置灯光"强度"为 10000cd。

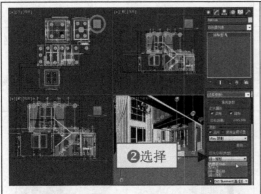

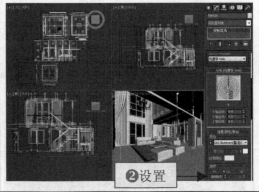

3 选择灯光命令	4 在前视图中创建 VR 灯光
❶在"灯光"命令面板中单击灯光类型的下拉按钮，然后选择 VRay 选项。 ❷在"灯光"面板中单击"VR 灯光"按钮。	❶在前视图中单击并拖动鼠标，创建一盏 VR 灯光。 ❷在左视图中对创建的 VR 灯光进行适当移动，对别墅空间进行照明。

5 设置灯光参数	6 设置灯光选项
❶在"修改"命令面板中设置"强度"选项组中的"倍增器"为 8。 ❷单击颜色块，设置灯光为淡青色（红230，绿240，蓝255）。	❶将参数面板向上拖动。 ❷在"选项"选项组中选中"不可见"复选框。

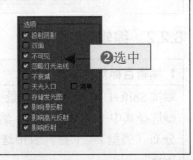

7 在后视图创建 VR 灯光	8 设置灯光参数
❶将前视图切换到后视图中，使用"VR 灯光"命令在门窗外各创建一盏 VR 灯光。 ❷在顶视图中对创建的 VR 灯光进行适当移动。	❶在"修改"命令面板中设置"强度"选项组中的"倍增器"为 4。 ❷单击颜色块，设置灯光为淡青色（红 230，绿 240，蓝 255）。
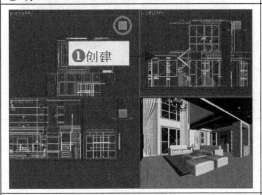	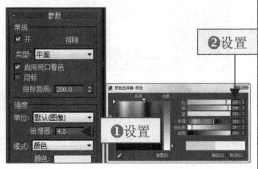
9 在顶视图创建 VR 灯光	10 设置灯光参数
❶激活顶视图，使用"VR 灯光"命令在客厅上方创建一盏 VR 灯光。 ❷在左视图中对创建的 VR 灯光进行适当移动。	❶在"修改"命令面板中设置"强度"选项组中的"倍增器"为 3。 ❷单击颜色块，设置灯光为淡黄色（红 255，绿 205，蓝 125）。
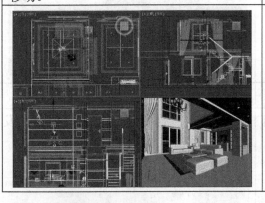	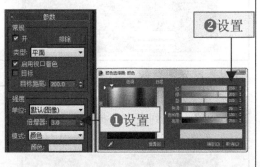

8.2.3　设置别墅渲染

1 选择图像采样器	2 设置抗锯齿过滤器参数
❶按 F10 键，打开"渲染设置"对话框，选择 V-Ray 选项卡。 ❷展开"图像采样器（反锯齿）"展卷栏，在"类型"下拉列表中选择"自适应确定性蒙特卡洛"选项。	❶在"抗锯齿过滤器"选项组中选中"开"复选框。 ❷单击"区域"下拉列表框，然后选择 Mitchell-Netravali 选项。

3 设置颜色贴图	**4 开启间接照明**
❶展开"颜色贴图"展卷栏。 ❷在"类型"下拉列表框中选择"莱因哈德"选项。	❶选择"间接照明"选项卡。 ❷展开"间接照明（GI）"展卷栏，选中"开"复选框，保持其他选项不变。

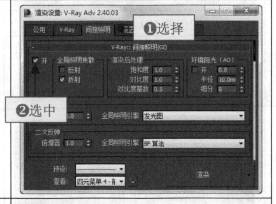

5 设置发光图参数	**6 保存发光图**
❶展开"发光图[无名]"展卷栏，在"当前预置"下拉列表中选择"高"选项。 ❷在"模式"选项组中单击"保存"按钮。	❶在打开的"保存发光图"对话框指定发光图保存路径，并输入发光图名称。 ❷单击"保存"按钮进行保存。

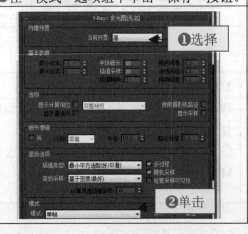

　　专业提示：当场景中的灯光对象特别多，在渲染场景效果时，将需要很长的时间。如果在渲染完成后，需要对材质和贴图进行编辑，就必须重新执行渲染操作。因此，用户可以将第一次渲染的光能传递计算保存下来，在下次进行渲染场景时，直接调入保存的发光图，就可以省去再次进行光能传递计算的时间，从而加快渲染的时间。

7 设置输出大小	**8 单击"文件"按钮**
❶在"渲染设置"对话框中选择"公用"选项卡。 ❷展开"公用参数"展卷栏，在"输出大小"选项组中设置"宽度"为 1100、"高度"为 825。	❶在"渲染设置"对话框中向下拖动滚动条。 ❷在"公用参数"展卷栏的"渲染输出"选项组中单击"文件"按钮。

9 设置图像保存路径	**10 渲染场景**
❶在"渲染输出文件"对话框中指定输出图像的位置。 ❷设置文件的保存类型和名称。 ❸单击"保存"按钮进行确定。	❶选择摄影机视图作为渲染对象。 ❷单击"渲染设置"对话框中的"渲染"按钮，即可对场景进行渲染。
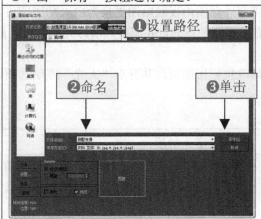	

8.3 制作别墅日景效果

文件路径	案例效果
实例： 随书光盘\实例\第 8 章	
素材路径： 随书光盘\素材\第 8 章	
教学视频路径： 随书光盘\视频教学\第 8 章	

设计思路与流程

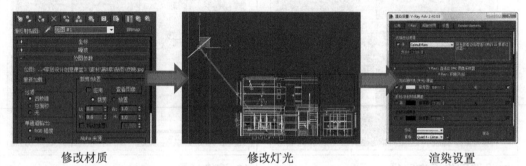

修改材质　　　　　　　　　修改灯光　　　　　　　　　渲染设置

制作关键点

在本例的制作中，可以通过修改模型材质、场景灯光和渲染设置的方法，将别墅夜景效果修改为别墅日景效果。

- 修改材质　对材质的修改，主要是将室外贴图由夜晚贴图更换为白天贴图即可。
- 修改灯光　对灯光的修改，主要是删除多余的灯光，并调整照明灯光的强度，再创建并设置太阳光即可。
- 渲染设置　在渲染设置中，主要是修改抗锯齿选项，并开启"天光"照明选项。

8.3.1 修改别墅材质

1 另存文件	2 修改室外材质
❶打开创建好的"别墅夜景.max"文件，单击程序图标，然后选择"另存为"命令。 ❷在打开的"文件另存为"对话框中将文件以"别墅日景"名称进行另存。	❶选择"渲染"|"材质编辑器"|"精简材质编辑器"命令，打开"材质编辑器"对话框。 ❷选择名为"室外"的材质球。 ❸然后单击"漫反射"选项后面的 M 按钮。

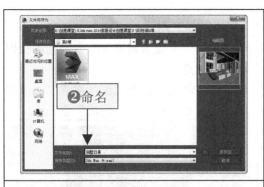

3　修改位图	4　更换材质贴图
❶在"漫反射贴图"面板中展开"位图参数"展卷栏。 ❷单击"位图"选项后面的长方形按钮。	❶在打开的"选择位图图像文件"对话框中重新选择"白天.jpg"文件。 ❷单击"打开"按钮更换材质的贴图。

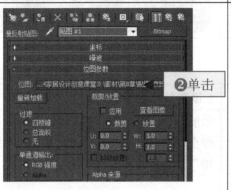

8.3.2　修改别墅灯光

1　删除部分灯光	2　修改灯光强度
❶选择装饰画和隔断处以外的目标灯光，然后按 Delete 键将其删除。 ❷选择作为灯带的 VR 灯光，然后按 Delete 键将其删除。	❶选择大门外的 VR 灯光。 ❷选择"修改"命令面板，在"强度"选项组中将"倍增器"的值修改为 6。

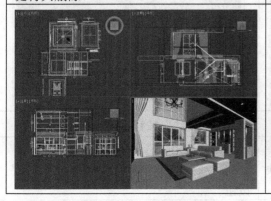

3 创建 VR 太阳	4 设置灯光参数
❶在"灯光"命令面板中选择 VRay 灯光类型，然后单击"VR 太阳"按钮。 ❷在顶视图中拖动鼠标，创建一个由别墅室外投射到室内的太阳光。	❶在左视图中适当调整 VR 太阳光的投射点和目标点。 ❷选择"修改"命令面板，设置"强度倍增"值为 0.035、"大小倍增"值为 3。
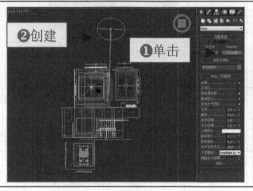	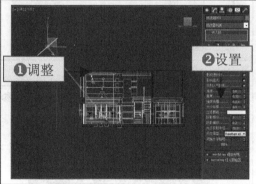

8.3.3 渲染别墅场景

1 修改抗锯齿滤器选项	2 设置颜色贴图
❶按 F10 键，打开"渲染设置"对话框，选择 V-Ray 选项卡。 ❷展开"图像采样器（反锯齿）"展卷栏，在"抗锯齿过滤器"下拉列表中选择 Catmull-Rom 选项。	❶展开"颜色贴图"展卷栏。 ❷在"类型"下拉列表框中选择"线性倍增"选项。

3 开启天光照明	**4 单击"文件"按钮**
❶展开"环境[无名]"展卷栏。 ❷在"全局照明环境（天光）覆盖"选项组中选中"开"复选框。	❶选择"公用"选项卡。 ❷在"渲染输出"选项组中单击"文件"按钮。

 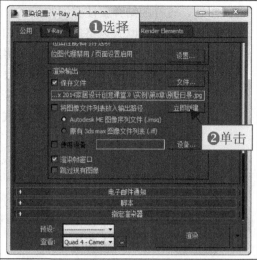

5 设置保存文件	**6 渲染场景**
❶在"渲染输出文件"对话框中指定输出图像的位置。 ❷设置文件的保存类型和名称。 ❸单击"保存"按钮进行确定。	❶选择摄影机视图作为渲染对象。 ❷单击"渲染设置"对话框中的"渲染"按钮，即可对场景进行渲染。
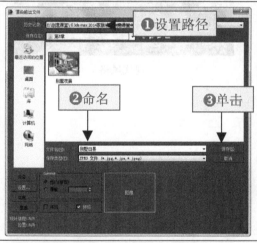	

8.4　设计深度分析

　　别墅设计的重点仍是对功能与风格的把握。别墅风格不仅取决于业主的喜好，还取决于生活的性质。在别墅设计风格中，包括简洁明快风格、欧式风格、古典风格、现代风格和中式风格。各种风格的特点如下。

- 简洁明快风格　简洁明快又不单调的设计风格，营造出温馨、典雅、舒适、庄重的室内设计效果。主要用材质的质感变化，简洁明快的线条造型，配以灯光的修饰，这样的结合就使空间饱满了。

- 欧式风格　欧式风格的主基调为白色，主要的用材为石膏线、石材、铁艺、玻璃、壁纸、涂料等去体现出欧式的美感，欧式风格独特的门套及窗套造型更能体现出欧美风情，更能体现主人身份的象征。

- 古典风格　主要的宗旨是隆重、豪华、典雅，设计手法主要采用符号构图方式，壁炉与柱子的构图表现鲜明的欧式古典风格，色彩中加入金色，深红色的木材使空间典雅而富丽。

- 中式风格　中式风格就是我国古代的家居风格。主要造型是以明、清家具为主。如窗花、条案、茶几、线条、字画等材质的对比营造氛围，如左下图所示。

- 现代风格　主要是根据客户的爱好。如色彩、造型等，现代风格具有多种类型，可以体现出主人个性的风格。居室设计师可以利用客户的想法来设计别具一格的效果空间，如右下图所示。

中式风格

现代风格